家常菜的制胜一击

陈宇慧（田螺姑娘）著

中信出版集团 | 北京

图书在版编目（CIP）数据

家常菜的制胜一击 / 陈宇慧著. -- 北京：中信出版社，2020.7（2024. 1重印）
ISBN 978-7-5217-1759-4

I. ①家⋯ II. ①陈⋯ III. ①家常菜肴—菜谱 IV. ①TS972.127

中国版本图书馆CIP数据核字（2020）第062569号

家常菜的制胜一击

著　　者：陈宇慧
出版发行：中信出版集团股份有限公司
（北京市朝阳区东三环北路27号嘉铭中心　邮编　100020）
承 印 者：北京尚唐印刷包装有限公司

开　　本：880mm×1230mm　1/32　　印　　张：11　　字　　数：160千字
版　　次：2020年7月第1版　　印　　次：2024年1月第6次印刷
书　　号：ISBN 978-7-5217-1759-4
定　　价：69.00元

目　录

第二部分　菜谱

主　食

小吃、点心、甜品

自序

那些主厨教我的小窍门，成了家常菜的制胜一击

这是我的第四本菜谱书，好久不见。

在连续三年每年写一本菜谱书之后，我以“需要学习和休息”为由休整了一年，2018 年没有写新书。写书确实和写微信公众号非常不一样，即使在这几年里我一直保持几乎每周都更新菜谱的高频次创作，我仍然觉得不是所有的内容都适合或值得落笔成书。

微信公众号和菜谱书最大的区别在于：是否成体系。微信公众号的文章偶尔会有闲来一笔，但如果要成书，似乎更应该想想这个菜谱在书里担任了什么角色和位置，读者拿到整本书又能不能反复看、再三看——有目的的时候拿来当字典看，无目的的时候翻开一页就想看下去。

这样开头不知道会不会有些严肃或莫名，那么不如先聊聊这本书和之前的三本菜谱书有什么不同，你就能明白我在说什么了。

2017年左右我经历了一个很大的创作门槛，每周都因为想不出微信公众号要更新什么内容而上蹿下跳。在厨房里毫无目的地尝试各种食材和调料的搭配，每天逛好几次超市和菜场，大量翻阅书籍寻找灵感，但仍然收效甚微。出于个人口味和版权保护的双重考虑，我实在是不想写全网都是的大众菜谱，可是新菜谱我又真的写得非常勉强。“创造力是不是到头了，再也没法更进一步了吗？”内心难免会有这样慌张的情绪。

创作菜谱的瓶颈得以突破的一个直接原因是增加了外食的频次，多多寻找灵感。而且尽可能地和主厨对话，尤其是我喜欢的菜式风格的主厨。了解他们是怎么想的，又是怎么设计的这道菜；传统菜系里有没有，又经过了什么样的改良；这道菜受欢迎吗，抑或只是非常短暂地存在。和各位科班出身的主厨相比，我又切切实实地再次成了一名厨房门外汉。

这本书一度想命名为“那些主厨教我的家常菜”，后来又觉得这个书名太过局限，最终还是舍弃了。但无论如何，很长一段时间里外食给我带来了很多灵感。不一定要照搬餐厅的菜谱，也许只是应用其中一个小细节，就足够形成家庭餐桌上非常抢眼的一束光了。

但这还不够。瓶颈得以突破的一个根本原因，是我终于从我的老师赵杨师傅那里学习了更系统的食材处理方式和调味技巧。说是打通了任督二脉也绝不夸张，积累的所有知识点长成了一棵树，有主有次，有枝干、有脉络。世上这么多种食材，在这棵树上各自找到了自己合适的位置，它们有各自匹配的烹饪方式和风味，我只需要选择性采摘就行。排列组合一下，简直够我写八辈子的菜谱吧。

这一年多的成长，让我看待菜谱的视角似乎变得有点不一样了。从前看一道菜就只是个菜，我会想要怎样去做一个烤肉，又怎样去做一个沙拉。后来隐约觉得，做菜的时候总有合适的食材和调料自己想往锅里跳（笑）。有些夸张了，但确实变得不大费力了，我觉得自己在俯视厨房。

赵师傅教我的内容既随意又填鸭，有时候兴起了会在厨房给我用白萝卜雕个蝴蝶（我根本学不会也用不上）；有时候会买点五花肉、胡萝卜和青菜，就用那么几种食材给我示范猪肉的十来种炒法；有时候会示范一些现在已经很不常见的老川菜的制作（其实大部分时候我也用不上）。

我和专业厨师之间还有很大的差距，这一点我心里一直非常清楚。专业厨师教我的东西，我不会直接搬运到微信公众号和书上，就像我写出来的东西，很多人也不需要直接搬运到自家餐桌上是一样的道理。

领悟其中的细节就够了。

因为可以近距离地观察，很多细节跃然眼前。我发现赵师傅连普通的芹菜都和我切得不一样，他的方法能切得更快、更均匀；我发现他蒸五花肉的时间比我更长，我蒸两个小时已经觉得很了不起了，他会用更叠加的材料和调味，蒸 6~8 个小时；他还会在一些菜的调味里加一些吃不出来味道但又很点睛的一笔，比如一点点香醋或几滴花椒油。

这所有的一切都可以概括成两个字：细节。食材处理的细节，火候控制的细节，调味方式的细节，“细节”是这本书从头到尾都在强调的一点。这本书里的每个菜谱囫囵做一遍和死抠每句话的细节细心做一遍，结果一定大不相同。而里面的所有细节，又可以被复制到其他的菜式上。多看、多做，就能不知不觉地全盘掌握。

除了教授了很多细节，赵师傅还给了我两点很大的启发，对我的影响绝对不局限在烹饪这个单一的领域。

“一道菜做成功之后，能保证每次都做成功吗？”

我第一次把满意的宫保鸡丁照片发给赵师傅看的时候，他就淡淡地说了句“要每次都做成这样才行”。宫保鸡丁确实是这本书中难度极高的菜谱之一，它的变量太多，无论火候还是调料都处于多一分则过头，少一分又不够的悬崖边缘，需要打起十二分的精神来对待。在那次非常满意的宫保鸡丁之后，我又陆续失败了三四次，要么花生米炸煳了，要么勾芡太重，要么糖醋比例不完美。直到交稿的前一刻，我还在更新宫保鸡丁菜谱的图片。

评价一个人的厨艺如何，或者评价一桌菜的水准如何，除了上限之外，更重要的是平均水平和下限。不断的练习，就是提升平均水平和下限的唯一途径。

“同一道菜存在高、中、低三种做法”

我从前写菜谱的“Slogan”（口号）是：“我已经帮你试了所有的错，唯一失败的理由是你不去做。”2019年年中我把它改成了：“当然可以说随便怎么做都好，但烹饪里的细节确实很重要。”

当然可以说随便怎么做都好，用清水代替高汤也好，大蒜不用压成蒜泥也好，肉切得粗细不匀也好，做熟了当然都可以吃。一点一滴把握每个细节可能只会给成品带来一两分的加分，单独看也许会让人不以为意：“省了一步也不影响大局。”但1分、1分地叠加，就是从普通做法迈向高级做法的那一步台阶所在。

烹饪确实是可以接近艺术的一个领域，细节就决定了艺术价值的高低。

也正因为领悟到了这两点，才促成了这本书的写作。菜谱中对于烹饪细节和调味方式的理解和描述只是非常具象的一种表达方式，方便看到菜谱的人拿来就能用。而真正让我沉下心来继续钻研烹饪技术，并且强烈地想把我这两年的进步讲出来的，是“每次都要成功”和“无限接近完美”的想法。

谨以此书致敬我的老师赵杨。

— 我们努力工作是为了[illegible]，而不是活得更累。—

第一部分

食材和调料

制胜的三段式辣椒油

原　料

1. 干辣椒

有些人喜欢用朝天椒配二荆条，我自己常用的是七星椒，只是单纯地因为能买到的七星椒更干净少尘，也比较干香。虽然用来做辣椒油略有点辣了，但我觉得在选择辣椒的品种时，仍然要优先考虑品质的优劣，其次再考虑品种的口味。

2. 底油

首选菜籽油，菜籽油的香气、颜色和辣椒最融合。其次可以用味道比较轻的葵花籽油等种类，不建议选择大豆油、橄榄油或者动物油脂。辣椒面和菜籽油的体积比例约为 1：3，这个比例比较适中，制作完成之后既有红油可用，沉底的辣椒油渣也够香，可以用在其他酱料或菜肴里。

3. 其他香料

老姜 1 块、八角 1 颗、桂皮 1 小块、花椒十几颗、香叶 3 片。

步 骤

1. 处理辣椒

在制作辣椒面和辣椒油之前，需要先用湿抹布或湿纸巾把辣椒表面擦一下，因为晾晒的过程中终究会有点灰尘。

用搅拌机之类的工具把干辣椒打碎，这一步不是必需的，用现成的辣椒面当然也可以。

2. 用三段式油温炸辣椒油

在炒锅里把菜籽油烧热到冒烟，但烟不要特别大，手掌悬空放在上面觉得有些发烫的时候，把 1 块老姜、1 颗八角、1 小块桂皮、十几颗花椒、3 片香叶放进去，马上关火。

香料变色了之后就捞出来扔掉，往锅里倒入辣椒面分量的 1/3，这就是炸辣椒油的第一段。

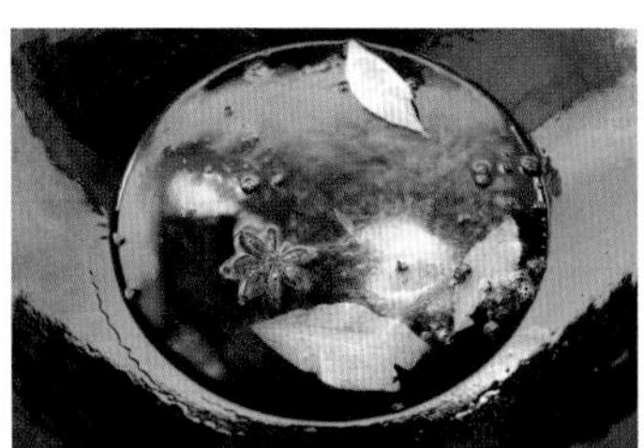

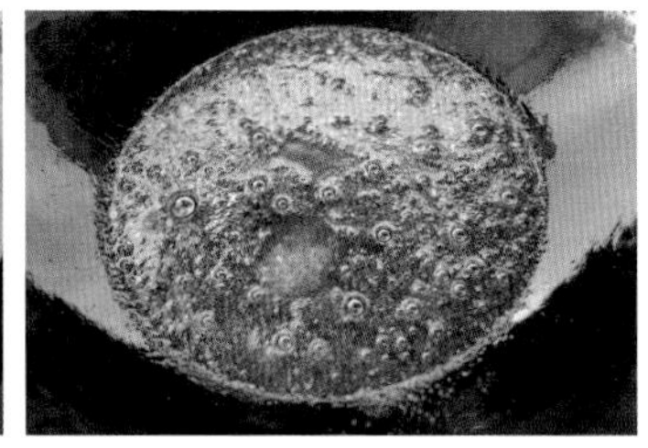

等油温下降到刚刚没烟的时候，再次倒入辣椒面的 1/3，这是第二段。

油温再次下降到手掌悬空放在锅上，觉得有温度但完全不烫手时，倒入辣椒面的最后 1/3，这是第三段。

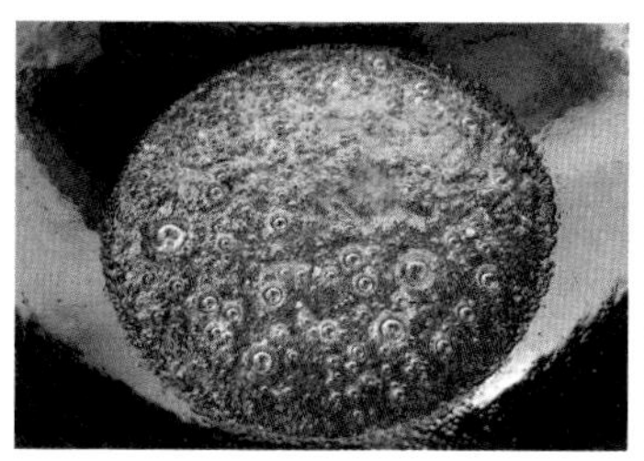
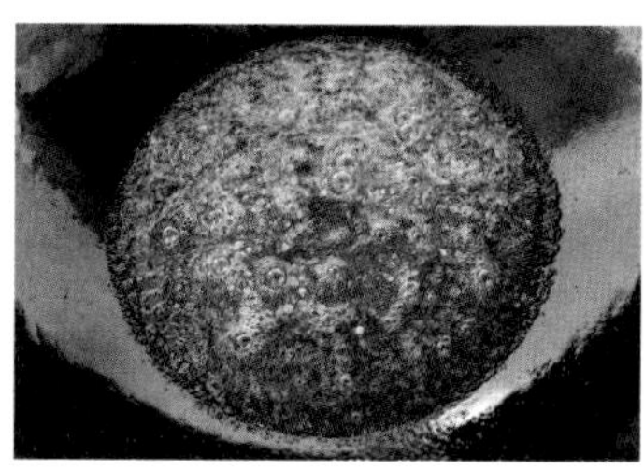

3. **封存过夜**

辣椒油在锅里放置到完全凉透之后，出锅放入容器里，密封过夜之后就可以用了。看个人喜好，也可以加一把白芝麻。注意要完全凉透再密封，避免盖子上的水汽滴入辣椒油里。

辣椒油刚做好还没过夜的时候，颜色会有点暗。过夜后颜色就会变得比之前红亮，这是因为辣椒里的辣椒素颜色全部析出了。

分三段油温来炸辣椒油，以高温取辣椒的香，中温取辣椒的色，低温取辣椒的辣度，香气逼人。非常简单方便易操作的办法，尤其适合家庭厨房。

制作好的辣椒油密封放入冰箱冷藏。虽然冷藏可以放几个月，但因为香气容易流失，建议不要一次制作太多。

制胜选择：更出彩、更易用的调料

对于干的调料或香料，我在家会按类别、使用频次，将比较常用的调料放到合适的密封罐里存放。把使用较多的盐、白砂糖和香料放到顺手能拿出来的地方，再把同类的调料或是容易一起使用的调料放到相邻的位置。

譬如下页图片中自下而上第二排，从左到右依次是综合胡椒（红胡椒、绿胡椒、荜拨胡椒等，西餐用）、白胡椒粒、红花椒、青花椒、花椒粉、姜黄粉。最上面一排除了盐，则并排放有桂皮、八角、草果、丁香、香叶等炖汤、烧肉、制作辣椒油的时候经常一起使用的香料。当然，这只是简单举例，可以根据自己家的烹饪习惯和厨房动线来设计不同的调料存放方式。

干的调料或香料在存放时要注意这么几点：

- 防潮。潮湿容易引起调料结块，或者影响风味。因为住在北京的缘故，这方面就占了大便宜。如果是南方潮湿的地区，这样的密封罐大概是不行的。
- 香气流失。对于容易流失香气的调料或香料，比较典型的代表是花椒粉、胡椒粉、辣椒粉等。我会尽量少买市售的成品，而使用小型的研磨机或料理机每次磨少量粉，并且尽快用完。

基于以上两个原因，我只会取用一部分调料或香料放到顺手的地方，剩余的尽可能密封保存。

酱料或液体调料我常备的有这些：

- 酱油：生抽和老抽的区别主要在于颜色和咸度，同源的两味调料，在使用的时候完全不需要太过拘泥。如果想增加颜色，老抽多用一些。如果想增加咸度，生抽多加一点都没问题。选择酱油的时候注意选择有“生晒”“酿造酱油”之类字样的产品，风味会更好。

- 醋：在常见的中国醋品种中，陈醋、香醋、米醋都是我会常备的种类。陈醋酸度高、风味浓郁、颜色也偏深，在大部分命名中有“醋”字的菜里，陈醋都是必不可少的存在。陈醋相对也比较耐热，适合久煮。香醋无论颜色、风味都比陈醋要淡，不适合久煮，适合在烹饪稍晚的时候加入用于提香。米醋的颜色比较浅，可以和陈醋、香醋结合使用。
- 料酒：料酒是中餐烹饪中使用范围最广的酒类，但同时也是最容易被滥用的调料。使用勾兑料酒产生的刺鼻味道，或者是没有充分加热而导致酒香没出来，我认为都是不够成功的。

无论是酱油、醋还是料酒，在购买时都有一个共同的标准：如果有陈酿的产品，请尽可能选择陈酿。这几种调料在使用上也有一个共同点：在使用的时候一定要注意激发出它们的香气。

油质调料我常备的有这些：

- 藤椒油：藤椒油和花椒油是我这两年才爱上的调料，和普通的花椒粒、花椒粉比起来，渗透性更强，渗入食材的效果也更均匀。想想看，花椒粉撒在食物表面是不是只有入口的时候可以感觉到麻味，但吃到碗底的时候几乎就没有了？藤椒油和花椒油如果只备一种的话，我会倾向于选风格更清香的藤椒油，具体的使用方法和搭配的菜式可以在菜谱里看到。注意，因为藤椒和花椒的香气容易挥发，购买的时候尽量选小包装。如果使用的时候觉得味道已经散掉，建议直接丢弃。
- 辣椒油：也属于冰箱里常备的调料。同样因为香气易散的关系，而且想选择更个性化的辣度，现在辣椒油我基本上都是自制。

- 香油（芝麻油）：很多时候我会用藤椒油或辣椒油代替香油使用，所以香油似乎不是必不可少的存在。如果需要的话，准备一瓶小瓶装的就可以了。

几类油质调料的共同特点都是开封后需要尽快使用，如果香气已经丧失，就赶紧买新的吧。

酱类调料我常备的有这些（基本按使用频次排序）：

- 郫县豆瓣酱：说起炒红油、提味、上色等诉求，郫县豆瓣酱都是必不可少的调料。而郫县豆瓣酱是否陈酿和是否有渣，会导致入菜效果差异巨大。这两个差异一是风味上的差异，很多市面上的郫县豆瓣酱一味死咸，而陈酿产品会咸中带鲜。二是口感上的差异，豆瓣酱的渣滓一定会影响成菜的口感。
- 腐乳、芝麻酱：腐乳和芝麻酱算不上必不可少的调料，但在很多调味里都属于点睛之笔。可以看看书里用到了腐乳和芝麻酱的菜谱是否是自己喜欢的风格，再决定是否需要常备。
- 鱼露、虾酱：鱼露和虾酱的调味风格非常强烈，如果不是很适应这种臭香风格的话，不买也可以。但如果能习惯这种调味方式，尤其是鱼露就很值得常备了。我在买鱼露的时候发现，很多国外产的品牌会标明“度数”，感觉度数高一点的会更鲜。
- 蚝油：我这两年蚝油的用量大幅减少了，但会在少数比较素的菜式里作为提鲜调料使用，一定程度上是味精的替代品。

此处列举的酱类调料需要留意包装上的说明，大部分需要放入冰箱冷藏保存。

制胜调味：家庭简易高汤

家庭简易高汤的制备有两种方式，一种是用平时收集起来的或者有些超市、菜市场专门有卖的骨头类。牛骨、鸡骨或猪棒骨在清水中煮沸后冲洗干净，再加上清水和所有的香料（八角 1 颗、桂皮 1 小块、香叶 2 片、花椒大约 10 颗、老姜 1 块）一起煮开后，转小火煮 20~30 分钟，得到一锅比较简单的毛汤。

上页图中的家庭简易高汤是用牛骨熬的，如果同时混用几种骨头或者再加入火腿、鸡块等提鲜的食材也没问题。我一般习惯多备几种，做的菜中有什么食材，就选用什么样的汤底。比如在使用了牛肉末的菜里，就会用牛骨汤，风味更搭。

这种毛汤是我平时常备的，过滤后冷藏储存两三天，冷冻储存个把月都没有问题。这样的毛汤大部分时候也足够家常菜使用了，风味绝对比只用白水强不少。

另外一种简易高汤的制备方式是做菜过程中自然产生的，比如酸菜豆花大片牛肉和藤椒钵钵鸡就是这样，因为先炖了牛肉和鸡肉，那么炖出来的汤水顺理成章就可以继续使用。

在试过用简易高汤做菜之后，真的很难再回过头去使用清水。除了显著的提鲜效果，高汤比清水能更好地让食材和调料互相融合，如果有读者曾经做过微信公众号中的“三虾娃娃菜”菜谱，想必对这一点可以体会得更深。“唱戏的腔，厨师的汤”，诚不我欺。

如果要跨越“毛汤”的阶段，炖出更高级的用于烹饪的汤水要怎么办呢？主要需要做到以下几点：1）使用更多鲜味的食材，譬如老鸡、老鸭、火腿、干贝、虾干等；2）吊更长的时间，大部分都需要6小时到2天左右；3）让汤水更清澈，除了不停地撇浮沫、撇浮油之外，最好还要使用肉末来“扫汤”，但这实在是太复杂了，在家庭烹饪中没什么必要。

制胜搭配："万能肉末"

这道"万能肉末"原本只是作为凉面的一部分配料，出现在"赵师傅凉面"菜谱中。结果意外地发现它非常百搭，尤其是把原本的猪肉馅改成猪、牛肉馅各半之后，肉脂的香气和肉味的均衡度就更好了。后来就变成我在冰箱冷冻柜常备的食材，说它能解救大部分风味单调的菜也不为过。

"万能肉末"每次可以多做一点，然后分成小袋装起来冷藏或冷冻备用。它几乎和所有的菜式都能搭配，再次加热也不影响口味。

猪肉版基础万能肉末原料

① 偏瘦一点的猪肉馅，75~100 克；

② 老姜 3~4 片，切姜末；

③ 老抽半瓷勺；

④ 甜面酱半瓷勺；

⑤ 白胡椒粉半茶匙。

步 骤

炒锅里放 1 瓷勺油，中火烧热，把猪肉馅用中小火炒到发白的状态。加入姜末、白胡椒粉、老抽和甜面酱一起炒匀。

甜面酱尤其不能太多，炒好的肉馅儿应该是微微发甜的状态，但不能有太甜太咸的感觉。如果对甜面酱的分量没把握，宁可少放一点提提味儿就行。

炒好的肉末一次吃不完不要紧，可以密封起来冷藏或冷冻备用。或者和其他的蔬菜末一起炒一炒，又是一个好吃的下饭菜。

我后来把原料中的肉末换成猪肉馅和牛肉馅各半，取猪肉馅的油脂和牛肉馅的肉香，风味更好，也更百搭。

制胜一击：
腌好食材，是荤菜制胜的第一步

食材如何腌制，确实是肉荤类家常菜能不能做好的制胜一击。

我从前对食材如何腌制的认知非常浅薄，基本停留在能让食材入味、能让食材上色、能让食材更嫩这几个作用上。常年只会利用酱油（无论生抽、老抽），这无疑是家常菜的初级水平，实在是不够用。

这两年经过更多的学习、实践和总结，感觉在腌制方面可以更得心应手了，也把习惯使用的腌制方法分成了这么几类：

1. 去腥提鲜类

在“时蔬炒虾仁”菜谱中，对于虾仁的处理和腌制方式就是这一类的典型代表。

在腌制虾仁的时候，主要用了一小撮糖和一小撮白胡椒粉（有些类似的菜谱中会用到盐和白胡椒粉，是类似的效果）。因为海虾大部分会自带咸味，盐的分量就比较少。如果用在其他鱼肉、鸡肉等同样需要去腥提鲜的食材上时，可以略微多加一点盐。

2. 入味类

在“豆豉菜干蒸五花肉”菜谱里，腌制五花肉只用了简单的生抽。

对于不容易入味的食材或者是不容易入味的烹饪方式，大部分时候都需要将食材提前腌制入味。什么叫不容易入味的食材？块头比较大的、纤维比较粗的，譬如大块的排骨、肉块等。什么叫不容易入味的烹饪方式？食材和火力之间很少能产生“直接交流”的，譬如蒸、烤之类的烹饪方式就比炒、焖、煮要难入味。这类烹饪都适合提前将需要的味道赋予食材，并且根据食材的大小腌制不同的时间，大块的食材就在腌制后放入冰箱过夜。

在“豆豉菜干蒸五花肉”菜谱里，只用了简单的生抽腌制。其他的菜中，也可以根据需要将辣椒、蒜末、老抽、盐、糖、胡椒粉等不同的调料结合使用。特别需要注意这么几点：

1）如果食材块头比较大，比如整块的肉或者排骨，可以在放入调料之后使劲儿用手抓匀，更有利于调料渗透到食材里面。

2）如果调料的浓度比较高，而食材块头又比较大，也许很难渗透到食材最里面，这个时候一定要充分延长腌制时间，有些极端情况甚至需要在冰箱里冷藏腌制 2~3 天。

3）如果在腌制食材时需要使用油脂，无论是什么类型的油脂，都要记得油脂有一种“封层”的作用，需要在已经使用其他调料抓匀食材之后，最后再使用油脂。

3. 提升嫩度类

我以前经常只用老抽或生抽（注意是只用，没有其他任何调料）来腌制肉丝、肉块，同样能比不腌要嫩很多。这个做法特别适合不太会掌握火候的新手，只用老抽或生抽腌制的肉丝、肉块，用在煎、炸、焖、煮等烹饪方式里，肉都不那么容易老。

在“尖椒白菜炒鸡腿”菜谱中，腌制鸡腿的调料有：白砂糖、腐乳、白胡椒粉、芝麻酱和半茶匙盐。和使用酱油来腌肉的原理是类似的，但显然调味和上色效果更有指向性。

而对于比较擅长掌握火候的非新手来说，利用水淀粉是更好的腌肉方法。所谓水淀粉，一般是用玉米淀粉、土豆淀粉或豌豆淀粉加入清水，调成偏稠的浓度来使用。水淀粉比干淀粉易于使用，挂糊更均匀，腌好的肉也不容易掉粉浆。如果给水淀粉一个确定的比例，可以试试看干淀粉和清水的重量比为1∶1。

因为大部分腌制的食材都是肉类，再加上其他加入的姜汁、酱油等腌制调料也是液体，所以水淀粉需要浓稠一点，才能把这个“汁”收住。注意这个比例是适合用来腌肉的水淀粉比例，如果用来勾芡的话，需要增加一倍的水量。

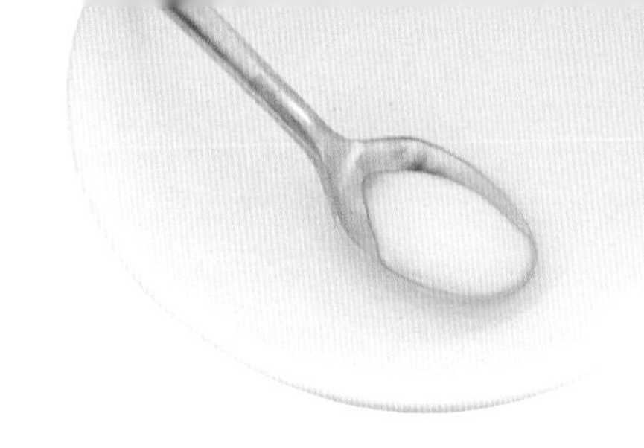

以下四张图片分别为：

1）切丁的鸡腿肉。

2）在鸡腿肉中加入了白胡椒粉、生抽、一点点姜汁。

3）将加入的腌料抓匀，可以看出鸡腿肉的边缘有少许液体溢出。

4）最后加入水淀粉抓匀，溢出的液体调料被“收”住了，整盘肉块上会有明显的膜状。但不能有过厚的糊状感，水淀粉如果太厚，最后的成品口感会像是在吃淀粉糊糊，而不是在吃肉。

用水淀粉腌制的肉类，如果是在餐厅中制作，大部分是采用大量油“滑炒”的形式，在温度较高的油中快速让肉类食材定型。但家庭制作采用这种方法不大现实，也可以用另外一种相对比较省油的方式制作：

1）在炒锅中加入分量稍微多一点的油，油量必须足够没过肉类食材。中火烧到油温稍微有些冒烟的程度，将肉块入锅，稍微拨一下让肉可以均匀接触锅底。马上关火，此时不要移动食材。

2）静置大约半分钟到1分钟之后，再次开中火，轻轻地将肉块滑动。这个时候肉已经变色了，而锅里的油应当是比较清澈的，锅底不能有淀粉或淀粉浆，这才说明裹住肉块的淀粉糊没有掉下来。

这个操作的原理为：首先利用比较高的油温将水淀粉腌制的肉“封层”，让淀粉糊安安稳稳地挂在肉上。而如果油温一直很高，难免把肉煎焦，所以在高油温的时候关火是比较稳妥、省事儿的做法。在肉的“封层”目的达到之后，再继续后面的翻炒、加入其他食材等步骤，肉就能保证很嫩了。如果发现锅里的油出现了大量淀粉或淀粉浆，要么是油温过低，要么是翻动肉块过早，“封层”效果尚未达成。

使用淀粉上浆腌制的方法可能需要多试几次才能成功，但无论如何强烈推荐这个办法，肉的细嫩感会明显高出一个层次。

第二部分

菜谱

制胜一击：关于家常菜的味型

我有一位微信读者叫“沃小克”，我曾经见到她描述过一个很有趣的筛选菜谱的方法，征得她的同意之后，将这么一段讨论引用到这本书里。

她的筛选方法是这样的：“如果上来第一句话就是‘葱、姜、蒜切末’，或者所有的原料一律用料酒、淀粉腌制，调料中经常使用郫县豆瓣酱的菜谱，基本上（这位作者的菜谱）就可以跳过了。”

为什么这样筛选？理由非常有说服力：“问起用料酒、淀粉腌肉的原因，都知道是为了去腥。但我看了你的菜谱之后才发现可以去思考‘噢，原料新鲜的话还可以这样做’。而葱、姜、蒜切末和大量使用郫县豆瓣酱会有两个问题，一来不会去思考更多的调料搭配方式，二来所有的菜做出来都是一个味道。”

不受“沃小克”欢迎的菜谱特征，也确实是大部分网络菜谱和厨房新手做菜会凸显出来的特征。

下厨的兴趣最容易被“没有成就感”所扼杀。兴趣被扼杀又从来都不是一瞬间的事情，而是被厨房的点滴细节慢慢消磨掉。如果说做菜太慢了、洗碗太累了、做得不好吃是细节中的显性要素，“味道太单一”就是细节中最容易被忽视又极其重要的一环。

突破“味道太单一”问题的办法是更换调料的搭配方式，不同的搭配当然有规律可循，这个规律就叫作“味型”。虽然我很久之前就有“不想把什么菜都做成同样味道”的意识，但严格说来，对于“味型”二字有了更深入的了解还是从去年才开始的。

善加利用不同的味型来做菜，可以明显感受到厨艺的突飞猛进。打个比方，在烹饪之初，看材料是材料，看调料是调料。在这个阶段里，按别的菜谱依葫芦画瓢来下厨，只要不抄错作业就是成功。烹饪有悟时，看材料不是材料，看调料也不是调料。在一定范围里可以自己发挥创造，也开始有了举一反三的能力。烹饪彻悟之后（虽然仍然不敢托大用这个词），看材料仍然是材料，看调料仍然是调料，但材料和调料会自动自发地进入自己的烹饪体系中。材料应当被如何拆解，又如何被再次灵活地组合，调料就充当了其中的调色盘和黏合剂。

味型的概念在中餐烹饪中长期存在，当然会有口味差异和食材购买方便程度的差异，但只要味型拿捏准确了，就可以很容易地按照菜谱举一反三甚至举一反百。

因为川菜中对于“味型”概念的明确性，以及我自己跟随赵师傅学习的关系，这本书里的很多内容都借鉴了川菜中味型的概念。但无论身处什么地域或者擅长什么菜系，味型绝对是可以被提炼出来的关键词。所以在这本书的大部分菜谱后面，都有对这个菜谱调味方式的大篇幅解释说明。在加入了我自己的理解之后，希望可以提炼出更符合大众口味的“风味”概念，界限不要那么严格，更灵活、更容易操作、更适合随手搭配。

建议可以先根据原料和菜名选择自己感兴趣的菜谱，尽量不要增减调料，了解这个调味方式是否合口味之后，再根据“风味”部分的描述充分发挥食材搭配的想象力，每种风味都绝对可以做出上百道菜来。

掌握家常菜的味型概念，是家庭厨房菜式得以持久创新的制胜一击。

素菜

麻酱黄瓜

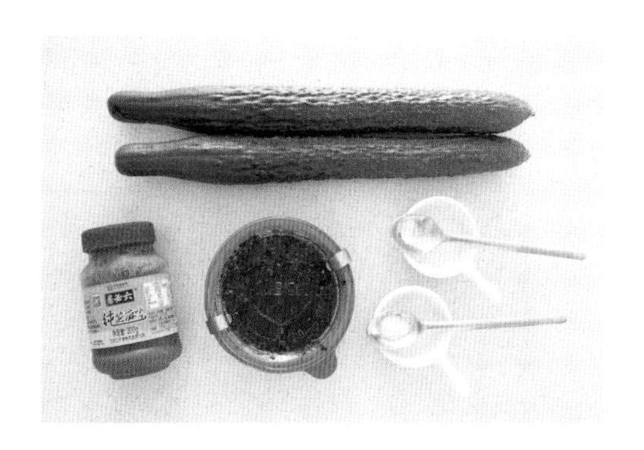

原 料

① 黄瓜 2 根，也可以换成莴笋、莜麦菜等食材；

② 芝麻酱约 1 瓷勺；

③ 辣椒油约 2 瓷勺，如果不能吃辣也可以用香油（芝麻油）代替，或者将辣椒油和香油混合使用；

④ 白砂糖 1/3 茶匙；

⑤ 盐 1 小撮（非常少量的、只能用手指头捏起来的一点点）。

步 骤

1. 处理黄瓜

将黄瓜刮去一部分表皮。去皮的目的是去掉一点皮的涩味，同时让黄瓜更容易入味。

将去皮后的黄瓜切成手指粗细的条，然后放入淡盐水中浸泡 40 分钟至 1 个小时，让黄瓜条的内部也能稍微有点咸度。淡盐水最好用水和盐（原料分量外）一起烧开后再放凉使用，不要用生水。淡盐水的比例并不严格，尝起来有一点咸度就可以了。

2. 澥麻酱

因为芝麻酱已经有咸度了，调料里盐的分量必须小心，宁少不多。将芝麻酱、白砂糖、盐混合，少量多次地加入辣椒油或香油（也可以把这两种混合使用以降低辣度），朝同一个方向搅拌混合均匀。利用油把芝麻酱澥开，直到浓稠度变得容易淋到菜肴上就可以了。混合后的酱料酌情使用，不需要全部用完。

如果把黄瓜换成莴笋、莜麦菜等食材，同样也是洗净、浸泡盐水后生食。

麻酱风味

在餐厅里经常吃到的“麻酱凤尾”，自己在家却怎么都做不好。看起来非常简单，似乎就是莜麦菜加芝麻酱，实际上做起来才知道不容易。如果只是把麻酱稀释之后淋到菜肴上，即使麻酱的浓稠度合理，但咸度却很容易调不对。

麻酱黄瓜也是赵师傅教我的一道小菜，他强调了这么几点：“盐只能用一点点，很容易‘寒’的”（成都方言，将“咸”发音为“寒”）；“这个菜一定不能加水或者汤”；“也不能看见红油”。照着这几个要点一做，果然不错。

这也让我对麻酱风味有了更好的理解：因为麻酱味道霸道，质地也偏浓稠，非常适合搭配口感清爽的蔬菜——比如黄瓜、莴笋，或者本身鲜味十足但口感容易和麻酱形成对比冲突的肉类——比如涮羊肉。在这些菜里使用麻酱达到“浓中带脆”或“香中有鲜”，麻酱的应用就能被称赞一句“到位”了。

金桂银芽

原 料

① 绿豆芽约 300 克，不能用黄豆芽代替；

② 鸡蛋 4 个；

③ 老姜 1 块；

④ 干贝 1 把，小个儿的干贝用 20 多颗，大个儿的干贝酌情减量；

⑤ 鱼露半瓷勺，没有鱼露可以用生抽代替，但鱼露提鲜效果更好；

⑥ 盐 1 茶匙。

步 骤

1. 泡发干贝

把干贝提前用凉水浸泡半个小时，泡干贝的水留着备用，然后上沸腾的蒸锅小火蒸 20~30 分钟，用菜刀把蒸好的干贝碾成细丝。如果泡发的干贝有黑色筋络，要注意择干净。同时利用蒸发干贝的时间，把绿豆芽掐掐“尾巴”。

完全蒸发被碾成丝的干贝的口感才能和其他食材融合到一起，而不是硬得突兀。泡干贝的水更是宝贝，几乎就是现成的高汤。

2. 炒鸡蛋

鸡蛋加入干贝丝、1 茶匙蒸发干贝的水、半瓷勺鱼露、半茶匙盐，一起打散。

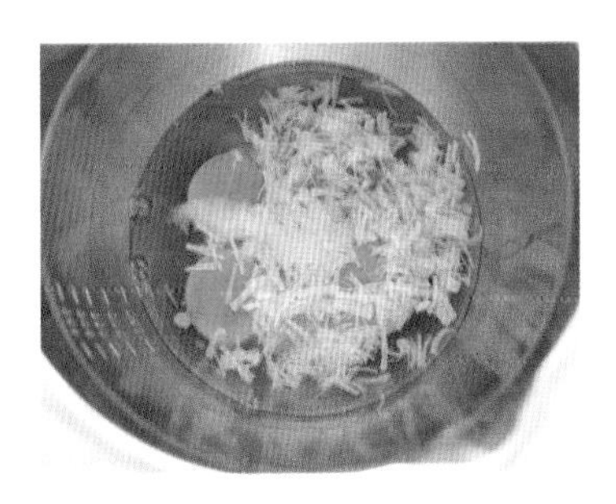

预计盐量的一半用于打鸡蛋，一半用于给豆芽提味儿。在干贝丝和鱼露都有咸味的基础上，鸡蛋里的盐千万不要加太多。鱼露（生抽）和蒸发干贝的高汤这种纯液体也不适合加太多，以免蛋液质地太水，炒出来质感不对。

炒锅里放入约 2 瓷勺油，中火烧热后先把姜块爆香。姜的风味和鸡蛋、贝类、甲壳类都很配，成品要隐约有那么一点姜味儿更好。

继续保持在油温有热度、但不要烧到冒烟的状态，加入蛋液炒碎。炒熟、炒散的鸡蛋碎盛出来备用，洗锅。

油温不能太低，这样接触到锅底的蛋液就可以快速凝固。晃动锅子让锅底都沾上油，这样锅底的蛋液就不容易口感发干。手速不要太慢，一直不停地铲、切、炒，把蛋液炒散一点。蛋液里加入了鱼露和蒸发干贝的水，会让蛋液的脂肪比例减少，炒起来会比单纯的鸡蛋液容易粘锅底，更得注意翻炒蛋液的手速要快。

因为有干贝丝的原因，蛋液不容易炒到完全细碎的桂花状态，但也还是要尽量炒碎、炒散，不只是好看，味道也会更均匀。如果想要颜色更黄灿灿，也可以只用蛋黄。

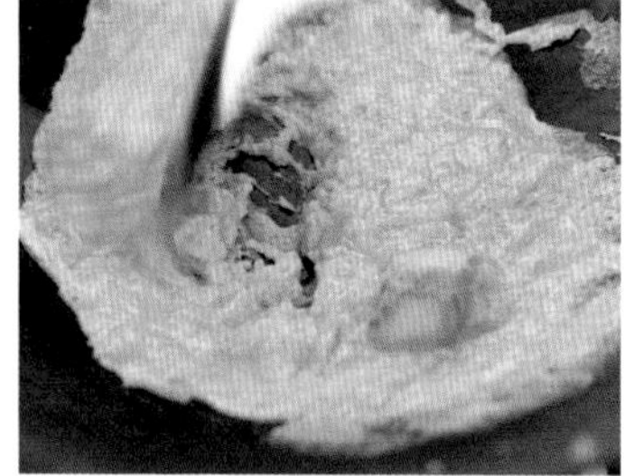

3. 炒豆芽

把洗净的锅子烧热后加 1 瓷勺油，在油里直接撒半茶匙盐。转大火烧热到锅子冒烟的状态，再把充分沥干水的绿豆芽入锅快速翻炒。

等绿豆芽因为失水而略略塌陷之后，马上放入刚刚炒好的干贝丝鸡蛋碎。炒匀到绿豆芽刚刚断生，就立刻出锅。全程都要注意保持大火，这样才能让绿豆芽中的水分快速蒸发，而不至于软塌塌的。

出锅的状态是这样：带着干贝鲜劲儿的鸡蛋碎，就轻轻巧巧地挂在豆芽上。豆芽还脆生着，很是挺拔。一定要一起吃，风味很不错！

吃完的碗底也清清爽爽，几乎没什么汤，这几乎都是让炒锅保持高温的功劳。

咸鲜风味

金桂银芽是典型的咸鲜风味菜肴，作为几乎是应用最广的风味元素，咸鲜风味的关键词当然不是“咸”，而是“鲜”。

我时常觉得，在大部分写过的家常菜菜谱里，改变一些惯用的原材料，或者在步骤上做一些修改，把“鲜”突出出来，原本平平无奇的菜式就容易获得啧啧赞叹了。这话说起来当然简单，可一来似乎很多人并没有明白这个关键点，认为菜谱永远是简单的蒸、煮、炒、炸，吃多了当然没意思。二来现在各种味道太重的添加剂或浓缩高汤类的产品以“提鲜”为卖点，甚至看到有一些菜里用大量的鸡精兑清水，这样做出来的菜吃完之后舌苔一定是不舒服的，这样的“鲜”也鲜得不正常。三来“鲜”味也需要和食材融合，什么样的食材互相搭配、又以什么风格的高汤作为底子，也都有些讲究。

金桂银芽的咸鲜风味以干贝为催化剂，鸡蛋和干贝是绝配，鸡蛋本来也足够鲜了，再加点干贝简直好吃得要咬舌头。

有一次我参观赵师傅的厨房，他调料用得非常简单。有味精吗？也是有的。在纯素的、几乎没有任何鲜味食材的菜肴里才会用一点。谈起大肆使用味精、鸡精调料的做法，他颇不以为然：“鸡蛋都放那么多鸡精，鸡蛋已经够鲜了啊！”

在选择这本书里说明“咸鲜风味”的菜谱的时候，我面对好几十个曾经写过的咸鲜风味菜谱简直犯了“选择困难症”，最后选择了这道比较受欢迎的、同时又有一定技巧难度的代表性菜谱。如果有关注了微信公众号的读者，也可以再翻看其中的虾干西芹百合炒虾仁、咸蛋黄虾仁炒蛋、骨汤黄辣丁、碎末蒸蛋、紫菜豆腐蒸梭子蟹、金银扇贝、榨菜肉末炒豆腐等大量咸鲜风味的菜谱来找找灵感。

茄汁咸蛋黄豆腐

原 料

① 北豆腐 1 盒；

- 这个菜谱的主料不在乎豆腐的质地，但比较在乎豆腐的制法，不要用标识了“卤水豆腐”“柴火豆腐”的品种，卤水味太重，不太适合这个风味；
- 更倾向于用北豆腐来做，韧豆腐或嫩豆腐也可以，具体如何变化会在文末说明；

② 咸鸭蛋 3~4 个，取蛋黄；

③ 罐装番茄 1/3 罐 ~1/2 罐；

④ 简易高汤 1 碗，鸡汤、牛骨汤等各种肉汤都可以；

⑤ 小葱 2~3 根，切成葱花；

⑥ 盐 1 茶匙。

步 骤

1. 熬汤底

在锅里放入约 1 瓷勺油，中火烧热后转小火，把咸蛋黄放进去，炒到起泡。

用锅铲把咸蛋黄尽量碾碎，为的是吃的时候咸蛋黄统统变成好吃的沙质口感，没有颗粒。这个阶段里咸蛋黄可能容易炒煳，可以时不时地把火关掉来控制温度，锅里有余温，咸蛋黄就能炒透。

加入番茄罐头，也要炒一炒，小火炒上 2 分钟，让番茄和蛋黄更和谐。

可能会有人疑惑为什么要用番茄罐头，能不能用新鲜番茄或者番茄酱？番茄罐头实际上是没有调味的原只番茄，一般去了皮。市面上的番茄味道越来越寡淡，大部分都不甜不酸没有番茄味。推荐意大利等地区产的番茄罐头，番茄味道浓郁，有一种直接获取浓缩番茄风味的便利性，并且也没什么多余的调味和添加。自己用新鲜番茄能不能做？也可以，但要用

更多的番茄，熬制更长的时间，才能达到类似的效果，不太值当，番茄罐头十来块钱也就能买到了。

加入简易高汤、盐，小火煮 1 分钟，煮匀备用。

2. 煎豆腐

不粘锅里放入约 1 瓷勺半油，中火烧热。豆腐需要油分，煎了之后会更香，但豆腐又非常不吃油，所以油量不要大。把豆腐切成 1.5 厘米左右见方的厚片，均匀地码在锅里，中小火每面煎上 2 分钟。煎之前能用厨房纸巾吸一下豆腐表面的水分会更好，就不容易溅油。

2 分钟后，豆腐变得焦黄，用筷子或锅铲就可以轻轻地翻个面，另一面也煎 2 分钟。

3. 煮豆腐

倒入第 1 步制好的汤底，没过煎好的豆腐。尝尝汤底的咸淡，咸淡刚好或偏咸 1 分都可以。先尝汤底，咸淡对了，再继续煮。汤底煮沸后，转小火继续煮上 5 分钟。对于北豆腐来说，炖煮的时间一定不能太短，汤汁的味道要煮进去才好吃。

炖煮 5 分钟后，汤汁有些黏稠，是番茄罐头和咸蛋黄的固体部分带来的效果，撒上葱花就可以出锅啦。

我不是第一次用番茄来炖豆腐，但大部分时候用来搭配番茄的都是洋葱，风味类似红酱意面，也是好吃的酸酸甜甜。用番茄来搭配咸蛋黄是出乎意料的好吃！蛋黄又沙又鲜，还析出了适当的油分，咸度又不会太高。炖煮 5 分钟，这种风味就进到了豆腐的每一个“毛孔”里！

为了完善菜谱，我连着炖了两天豆腐，也用柴火豆腐、韧豆腐一并试了试。柴火豆腐或卤水豆腐不太适合，卤味太重了，跟咸蛋黄不能和谐共处。但用平时超市买来的那种韧豆腐是可以的，切成 1.5 厘米见方的豆腐块，在烹饪的时候用锅铲朝里推，但不要里外来回拨，豆腐就不容易碎。

韧豆腐气孔紧密，不易入味，要用勾芡的方式让汤汁挂在豆腐上。1 茶匙淀粉配 20~30 毫升左右的清水，入锅前把水淀粉再次搅匀。在汤汁煮到剩食材高度的一半左右时，把水淀粉分 2~3 次倒入，这样芡汁收得紧、不易澥。每次倒入水淀粉之后，迅速搅拌豆腐，让水淀粉均匀分布。

也是一盘好吃的豆腐！

茄汁咸蛋黄风味

第一次写下“茄汁咸蛋黄豆腐”的菜谱，是在满大街都是各种咸蛋黄口味小甜品的 2018 年夏天。当时的想法很简单，既然这么多人都喜欢咸蛋黄的味道，那么除了传统的“咸蛋黄焗苦瓜”“咸蛋黄焗南瓜”，还有没有新的应用呢？番茄自带的甜酸和极强的包容性，被我用到了茄汁咸蛋黄风味的设计中。

非常完美，番茄有甜、有酸、有鲜，本身就是很好吃的食材。即使现在的番茄品质不如从前，我们仍然可以通过放大番茄用量或者用品质更稳定的番茄罐头来达到让风味更浓郁的目的。咸蛋黄质地厚重又鲜美，炒制之后还有一种“酥”“沙”的口感，和番茄的味道结合得相当融洽。

茄汁咸蛋黄风味还适合什么样的菜肴？虽然没有一一尝试，但根据经验和直觉，这个风味应该和质地细嫩、本身味道不会太强烈的食材搭配更好。

另外，在这个“茄汁咸蛋黄风味”中，“茄汁”指的是新鲜番茄或罐头番茄。而在“蛋汁大虾”菜谱中，“茄汁豆瓣风味”的“茄汁”指的是番茄酱。新鲜番茄、罐头番茄、番茄沙司、番茄酱等食材的酸甜度、质地有明显的不同，但组合形式和风味效果是非常接近的。

焦糖洋葱鸡蛋饼

原 料

① 中等个头的白洋葱 1 个，这道菜里最好用白洋葱而不是紫洋葱，白洋葱会更甜；

② 鸡蛋 4~5 个；

③ 小葱 4~5 根；

④ 盐 1 茶匙；

⑤ 花椒 15~20 颗。

步 骤

1. 熬葱油

小葱洗净之后充分沥水、晾干，分成葱白和葱绿。注意小葱熬油前要尽量先把洗净的葱段晾上 2 小时，否则葱绿管内的水分太多，下锅容易炸。

炒锅里放足够没过葱段的油（最后不会完全用完），烧热之后先把葱白的部分投入，转中小火熬到葱白的部分变得微微发黄。

再放入葱绿和花椒，继续中小火熬上 3~4 分钟。熬到葱绿也有些发黄，代表水汽的气泡明显变少，简单的葱油就成了，关火备用。

原料实在是太简单了，洋葱和鸡蛋的组合谁没吃过呢？这么简单的原料，要让味道更出彩，要么得在汁上、要么得在油上做文章。熬个葱油，葱上加葱，香料油和洋葱浑然一体。我做葱油拌面的时候，会额外加一点洋葱来熬小葱油，而熬洋葱的时候也会尝试加一点小葱。葱上加葱，香气比只用一种葱起码浓郁三倍。

2. 炒洋葱

把洋葱纵向一剖为二，再切成薄薄的丝。

把刚刚熬的葱油舀出 1~2 瓷勺放入不粘锅里，中火烧热。雪白的洋葱丝入锅，用筷子拨散。炒洋葱的油不能太少，否则不但炒不出洋葱的焦糖感，还容易干得发苦。

让洋葱均匀铺开受热，不需要翻动得太勤，直到锅底的洋葱变得有点焦黄，大概需要 1~2 分钟。

再翻一翻，继续让其他的白洋葱受热。直到所有的洋葱丝颜色变得发黄，跟“美黑”过了似的。整个过程需要 7~8 分钟，洋葱达到右下角图中这样的颜色，就完成了它的焦糖化。

3. 煎蛋饼

炒好的焦糖洋葱丝和蛋液放入盆中，加盐打散。打散后的蛋液分量要能覆盖住洋葱丝，这是蛋饼能成型的基础。当然，也完全可以把鸡蛋减量做成焦糖洋葱炒蛋。

刚刚炒过洋葱的不粘锅用厨房纸巾擦净锅底之后，再放 1~2 瓷勺熬好的葱油。中火烧热到油微微有些冒烟，倒入打散的蛋液。

转成小火，不动，继续煎 1 分钟左右。轻轻掀开蛋饼的一角，确认蛋饼底已经熟透定型了。用一个和锅底面积差不多的大盘子，轻轻把成型的蛋饼滑到盘子里，再把蛋饼翻过来扑到锅里，把另一面也煎到完全焦黄定型。

可以出锅啦，味道香甜，颜色非常到位！

这样做出的洋葱鸡蛋微微有些甜，香气也浓郁很多，和平时简单炒一锅的洋葱鸡蛋完全不一样！省事儿之余，也是有些惊喜呢。

焦糖洋葱风味

把洋葱焦糖化的灵感来自北京一家意大利餐厅的主厨，他曾经教了我一道“四种蘑菇意面”（曾经在微信公众号发表过，但因为本书主要写中式家常菜，所以没有收录）。

那道意面的秘诀无他，就是耐心地把洋葱和所有的蘑菇依次煎炒到焦香的状态。富含糖分和蛋白质的食材，在加热到一定温度后，会发生美拉德反应，能让食材上色，并且产生浓郁的香气。洋葱是很容易发生美拉德反应的食材之一，炒到焦黄的洋葱不只香，而且极甜。但注意，这个时候油不能太少，油如果太少了，洋葱和蘑菇容易变得焦苦。

让一道食材的特性发挥出百分之两百，是非常特别的体验。焦糖化后的洋葱如此抢镜，正适合搭配鸡蛋这样简单的食材，两相辉映就已经十分出彩了。在菜谱中结合了“焦糖风味”的“葱油风味”，会在后面的“葱葱油鸡”菜谱中再详细介绍。

醋熘白菜

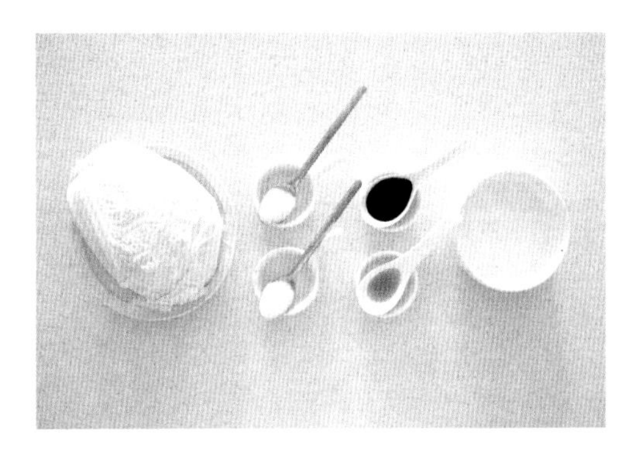

原 料

① 大白菜 1/3 棵~1/2 棵，我用的重量在 400 克左右，调料分量需要按大白菜重量比例增减；

② 盐 1 茶匙；

③ 白砂糖 1 茶匙，陈醋 1 瓷勺，香油（芝麻油）半瓷勺；

④ 淀粉半瓷勺，兑入差不多 2~3 瓷勺的清水，调成水淀粉。

步 骤

1. 处理大白菜

大白菜我会这么切：先切掉一小段梗，纵向剖成差不多的宽度。再把坚硬的菜梗完全切掉，最后菜刀斜着向下入刀，尽量让白菜的横截面变大，把白菜切成差不多大小的片备用。

切好的白菜冲洗一下，扒拉扒拉让菜叶子散开。撒上原料中所有的盐，腌上半小时到 1 小时。先切后洗完全是个人偷懒的习惯，觉得这样切起来方便。

腌制后的白菜一定会出水，体积缩水 1/3 左右，并且菜叶变得有点透明，这三点都是判断白菜已经腌好的标志。

腌好的白菜不需要冲洗，使劲儿拧干，拧到完全拧不出水的程度最好。

2. 炒菜

把调料中的陈醋、白砂糖、香油、水淀粉混合到一起备用。

炒锅中放入 2 瓷勺油，大火烧热，白菜先入锅翻炒几下。

一直保持大火，当白菜开始缩水，快完全熟透的时候（大概也就半分钟），把混合好的调料调匀以避免淀粉沉底，顺着锅边淋入锅里，迅速拌匀出锅。

完成。

陈醋的香气扑鼻而来。白菜的水分降低了一些，而脆度更加突显。底汤在盐腌出的汁和少量淀粉勾芡的双重作用下，变得非常克制。直到慢手速的我拍完照，汤也就是图里的这么多了。

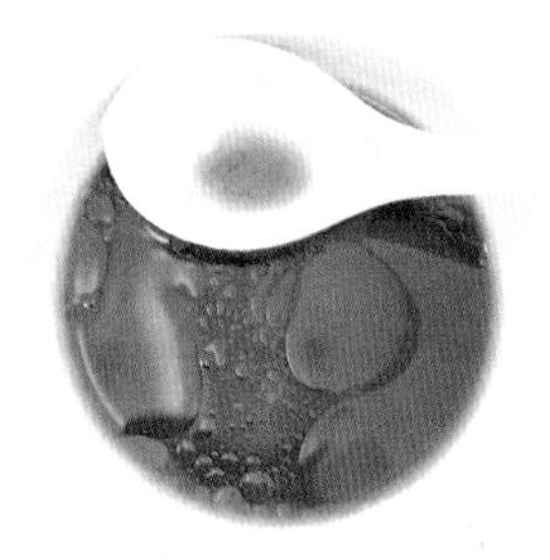

可能需要自行调整的地方有两处：

一是陈醋的用量。如果出锅后觉得醋味不够浓郁、不够香，那么建议把醋的分量增加一点，或者陈醋、香醋各一半混合使用。醋熘白菜醋味不够就会少了股劲儿，那股劲儿可以称作“味型不明确”。

二是盐的分量。白菜用差不多适合烹饪分量的盐腌制之后，会有恰到好处的咸味。但如果腌后把白菜冲洗了，或者因为白菜的分量过大而导致咸味不够，可以在出锅前尝一尝，再加盐补救也问题不大。

对淀粉的使用也是我另外一个长期存在的烹饪误区。因为读书的时候实在是见多了学校食堂里的“糊糊菜”，又在大量餐馆见过勾芡太重的菜式，许多时候错以为“勾芡=糊=不清爽、不好吃”。可是少量的芡汁对于调料的附着、对于收汁的效果、对于入冬里一碗小炒的保温，效果都相当拔群！

回归基础的醋熘白菜，真正值得记下一笔。

糖醋烘蛋

原 料

① 鸡蛋 4 个；

② 大蒜 3~4 瓣（切末），老姜 3 片（切末），大葱葱白 1 段，小葱 2 根；

③ 老抽半瓷勺，陈醋 1 瓷勺，白砂糖 1 瓷勺；

这是基本的糖醋调味，也可以用其他调味来搭配烘蛋，文章最后会说明；

④ 盐 1 茶匙，一半用于鸡蛋，一半用于糖醋汁。

步 骤

1. 打鸡蛋

小葱切葱花之后取一半，和鸡蛋、半茶匙盐一起打散。蛋液里要加点盐，让鸡蛋有点基本的咸度。

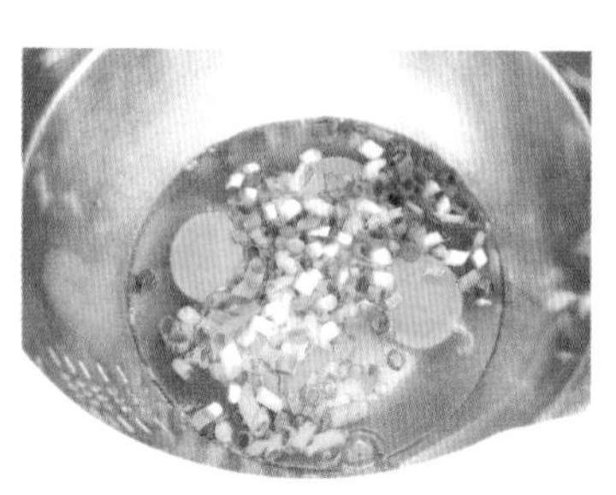

2. 配料全部切碎末

大葱葱白剖开，切条之后再切成末。和姜末、蒜末放在一起准备入锅。

3. 烘蛋

取一只有些深度的锅子，倒入食用油，晃动锅子让锅边也“润一润”，中火把锅子烧到冒烟得非常厉害的程度。如果家里只有平底锅，建议把锅子倾斜一下使用。但因为温度比较高，而且烧的时间偏长，如果用不粘锅的话可能有损伤涂层的风险，请留意这一点。

油温够热，是蛋液入锅之后能马上膨起来的关键。油量也不能太少，否则鸡蛋容易一下子烧煳了。

在蛋液膨起的那一瞬间，转成中小火，不慌不忙地用筷子把蛋液拨一拨，让它完全熟透。

熟透的鸡蛋盛出来备用，如果油量控制不好导致蛋液表面有些浮油，也可以沥干一下。

TIPS

- 在这一步里选用受热好、锅底有弧度的锅子最好，一方面锅子不容易降温，另一方面有弧度也方便蛋液爬升上锅壁。
- 小葱一半加入蛋液，一半加入煮好的料汁。蛋液里的小葱有点类似葱油饼的效果，让成品里的鸡蛋和小葱彼此不会孤立存在，每一口都有葱香弥漫。
- 鸡蛋膨起、成型之后就转成中小火，避免鸡蛋煳底。

4. 炒糖醋汁

不用洗锅，利用锅底的余油把姜末、蒜末、大葱末一起小火炒香。

在打蛋液的容器里加入和蛋液体积差不多的凉水，冲入炒过葱、姜、蒜的锅里。加白砂糖、陈醋、老抽、另外半茶匙盐，入锅煮开。

汤汁煮开了，关火后再撒入剩下的一半小葱葱花，留住一份翠绿，然后把所有的汤汁淋到刚刚炸好的鸡蛋上。

TIPS

- 调料中的白砂糖、陈醋、老抽的比例大约为 2 : 2 : 1。这个菜用到的调料种类比较少，比例和分量不建议减量，否则味型风格会出不来。
- 糖醋汁里要用陈醋而不是香醋。陈醋的酸度高也更耐热，撑得起糖醋汁的风骨。香醋颜色浅、风味淡，虽然更香但不耐煮。

浸透了糖醋汁的鸡蛋比普通的煎鸡蛋更蓬松，浸饱了汁水后更饱满，更有风味。

配饭确实是一绝！

在这道糖醋烘蛋里，糖醋汁当然是最简单的调味方式，如果想换成其他的调味方式，也可以用鱼香、茄汁风味来做。我甚至觉得，只要是鲜美的、带汤的调味汁都可以试试看，甚至搭配意面的波隆那肉酱效果也很拔群。

糖醋风味

糖醋风味曾经是我非常熟悉却又不以为意的风味之一，它实在是太常见了。从小到大，谁没吃过糖醋排骨呢？不就是糖加醋？

但做糖醋烘蛋的时候，糖醋汁我一直调得不是很好。赵师傅言简意赅地告诉了我他认为最好的糖醋比例，“糖 2、醋 2、酱油 1”；“糖醋汁，以及任何糖醋调味，都不能放味精”；“要用陈醋不要用香醋”；“根据火候的大小，有时候起锅前也要加入一点点醋，因为醋挥发快”……尝试过这个比例和记住这些要点之后，“糖醋风味”确实变得更清晰了。在微信公众号发布这道菜谱的时候，我也特别叮嘱大家不要随意更改糖醋的用量。

再深入想想糖醋风味的构成，直入口腔的当然是甜味和酸味。甜酸过后，还有咸味的基底。如果把酸味来源再拆分成陈醋的酸、香醋的酸、柠檬汁的酸等，这个味型层次好像显而易见地马上就可以变得更加丰富了。

“醋熘白菜”菜谱是在糖醋烘蛋之后完成的，“醋熘白菜”菜谱的关键点一方面在于对含水量极大的蔬菜的处理，另一方面在于糖醋风味的调和。印象深刻的一点是在这篇文章发布于微信公众号之后，有读者问：“既然是醋熘白菜，为什么要放糖呢？”也许因为菜名中没有糖而让人误解，但实际上在糖醋风味中，糖和醋几乎是不分家的。即使是醋熘白菜这种以醋酸为主打的菜肴，糖也不可或缺，只是糖的比例会比以“糖醋”命名的糖醋烘蛋要低一点。

姜汁菠菜

原 料

①菠菜 300 克左右，菠菜颜色越浅、叶片越小越好，这样的菠菜比较嫩，图片上的菠菜就有点老了；

②老姜加饮用水打成的姜汁约 2 瓷勺；

③盐 1/3 茶匙；

④米醋或香醋 1 瓷勺，陈醋 1 瓷勺，生抽半瓷勺，香油半瓷勺；

⑤简易鸡骨高汤 3~4 瓷勺。

这是比较方便操作的调料分量，实际上不需要全部用完。

步　骤

1. 焯菠菜

将菠菜洗净后切成手掌长短的段，沸水锅中滴几滴油，将菠菜焯烫半分钟后马上捞出来浸入凉水（冰水更佳）中，以保持菠菜颜色的翠绿。等菠菜完全降温之后再捞出来，尽量挤干水分备用。

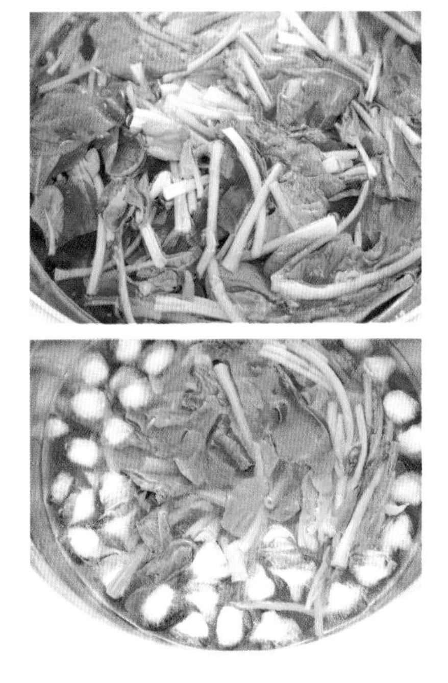

2. 调料汁

将除了简易鸡骨高汤的所有调料兑到一起，然后把简易鸡骨高汤加热到沸腾状态，淋入调料碗中。

取适量调料汁淋到焯好、拧干的菠菜上就可以了，大约只需要用到调料汁分量的 1/4 左右。

姜汁风味

姜汁是一种非常基础的味型存在。我觉得姜汁风味是否成功，主要决定因素有二：一是醋的分量够不够，醋起码要和姜汁的比例为1：1才行。二是是否用了高汤，鉴于风味中主打的姜、醋都是味道有点“寡淡”的调料，高汤对这个风味的影响是很有决定性意义的。有了高汤之后，寡淡的风味才有鲜味。加热的高汤在调料汁中还有溶化盐粒、兑匀调料和冲出香味的作用。

姜汁风味经常被用在凉菜中，除了姜汁菠菜、姜汁皮蛋、姜汁豇豆，不妨试试用姜汁风味的调味汁蘸汤菜里的肉类食材一起吃，尤其适合本身脂肪比较肥厚的肉类，提鲜解腻的效果很好。

煳辣小油菜

原 料

①小油菜 400 克左右，调料分量需要按原料的重量比例增减；

②大蒜 2~3 瓣，切片备用；

③盐 1 茶匙；

④干辣椒约 10 根，花椒约 10 颗，可以根据干辣椒的辣度和个人嗜辣程度增减；

⑤陈酿料酒 1 瓷勺，调制水淀粉，淀粉和清水比例约为 1：3；

⑥白胡椒粉 1 小撮，白砂糖 1 茶匙，生抽小半瓷勺，陈醋 1 瓷勺，香油半瓷勺。

步 骤

1. 切菜

切小油菜的重点是尽量让成品的茎看上去大小一致。个头小一点的直接对半切，个头大一点的先在 1/3 的位置来一刀，然后把它放倒，中间再来一刀，一分为三。

切好的小油菜充分洗净，尤其注意洗净根部的泥沙，然后撒上盐腌制 20 分钟左右让它出出水。沥干水分，备用。

TIPS

- 把小油菜的每片叶子都摘下来洗、炒也完全没问题，看个人偏好，我觉得上面的切法可以增强脆度。
- 在“醋熘白菜”菜谱中也提到了提前用盐腌制蔬菜的做法。小油菜给我的感觉是出水会比大白菜要快，并且本身水分含量没有大白菜那么多。所以腌制时间可以比大白菜略短一点，勾芡的芡汁可以水量多一点。不同的食材即使用了完全一样的操作方法，也可以细细体会其中的不同。

2. 炒菜

把调料中除了盐之外的白胡椒粉、白砂糖、生抽、陈醋、香油、陈酿料酒、水淀粉全部混合到一起备用。

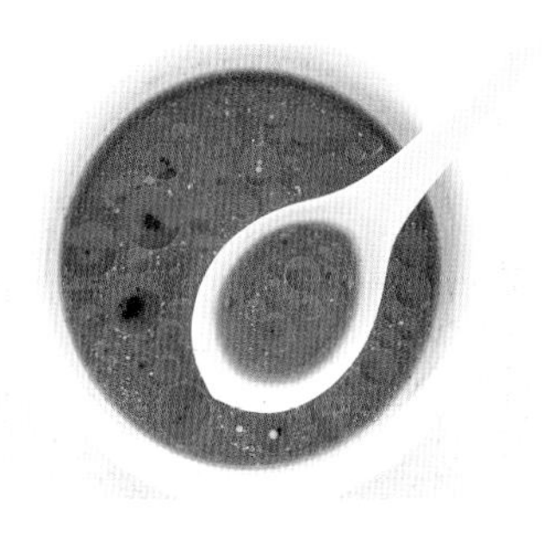

锅里加3瓷勺油，在冷锅冷油的状态下，把用清水冲洗过的干辣椒放进去小火慢慢炒到变成棕色、接近发黑、接近煳了的状态。再把用清水冲洗过的花椒也放进去小火炒香，把干辣椒和花椒铲出来丢弃。

TIPS

以上这段文字信息量很大：

- 我一般会把干辣椒剪成合适的段，倒去大部分辣椒籽，然后用清水冲洗一下后甩干。花椒也同样会用清水冲洗一下后甩干，都有冲掉浮尘，同时增加一点点湿度的效果。尤其对于质地非常干的干辣椒、花椒来说，可以避免下锅马上变煳。
- 冷锅冷油，是为了在低温状态下尽量把干辣椒的香味炒出来，却不至于马上炒煳。冷锅冷油小火，把干辣椒炒到图片上的颜色，大概需要2分钟。
- 干辣椒炒到变成棕色、接近发黑、接近煳了的状态，是香气达到顶峰的时候，所以这道菜的风味叫作“煳辣”。
- 干辣椒炒到颜色差不多了，花椒再入锅。因为花椒更容易煳，同时入锅的话不好控制。
- 最后把干辣椒和花椒都铲出来丢弃，主要是因为花椒粒容易卡在小油菜的缝隙里面影响口感。另外因为干辣椒会带走一点油脂，所以一开始入锅的油量我会给得稍微多一点。

煳辣的风味调好之后，接下来就很简单了。腌制好并沥干水分的小油菜无须清洗，和蒜片一起直接入锅翻炒到几近熟透。

把混合好的料汁再调匀一下，避免淀粉粘底。然后顺着锅边淋入，激出料汁中的醋香和酒香，就可以出锅了。

滤掉了干辣椒和花椒的版本，看起来更加清爽，但麻辣味完全不减，脆度也非常高。

保留干辣椒和花椒的版本，颜色看起来会重一点，偶尔会在小油菜的根部夹层里咬到花椒粒，会感觉不太愉快。

这个做法适合炒什么样的小油菜呢？如果是已经打过霜的，滋味非常清甜、口感发糯了的小油菜，那么我觉得完全没必要这么处理，清炒更突显清甜风味。而滋味寻常一点的小油菜，偶尔用这样不寻常的做法，就蛮有意思的。

煳辣风味

煳辣风味经常被写作“糊辣风味”，“煳”表达的是经火之后发黄、发黑的食物效果。煳辣风味是香辣风味的“过火版本”，介于香辣和焦煳之间，要把干辣椒炒到颜色深得有点发黑，但又万万不能炒到焦苦，这个度不大好把握。

根据我的经验，小火慢炒是最稳妥的做法。不同购买渠道的干辣椒因为品质差异而造成含水量不同，很难把炒出“煳辣壳”的时间完全说死。边炒边观察干辣椒变色的程度，同时考虑到花椒也易煳，在干辣椒炒到非常接近想要的颜色时马上放入花椒，这个时间就能把握得刚刚好。

煳辣风味除了使用基础的干辣椒和花椒，糖、醋、酱油等调料也不可或缺。这一点能在后面的“宫保鸡丁”菜谱里看到更详细的比例和配方，一荤一素，两个菜谱一起实践之后，会对煳辣风味有非常完整的理解。

蒜蓉泡椒蒸茄子

原 料

① 长茄子 2 根；

② 泡椒 3 根（我用的是基本不辣的泡二荆条），切末；

③ 有脆度的小咸菜 1 小块，潮汕菜脯、萝卜干、涪陵榨菜都行；

④ 大蒜 1 整头，用压蒜器压成蒜蓉备用，小葱 2 根；

⑤ 白胡椒粉 1/3 茶匙，生抽半瓷勺。

步 骤

1. 切菜

茄子先切厚片，后切成手指粗细的条，从没有茄子皮的一侧下刀会比较容易。

小咸菜切成小碎丁，在清水里略浸泡一下，泡掉多余的盐分，只取腌制发酵后带来的鲜味。

2. 炒蒜蓉酱

中火烧热 2 瓷勺油，先把蒜蓉炒出香味。

再下泡椒末炒香。

然后把咸菜丁、生抽、白胡椒粉一起入锅。

加大约 50 毫升清水一起煮开。

连汤带料一起均匀地淋到茄子条上。

强调在原料中必须使用咸菜丁，是因为这道菜用到的原料相对比较寡淡，没有任何滋味，这也是做简单的素菜经常觉得只是普通的好吃或者毫无亮点的原因。如果食材不是惊天动地地出彩，靠着这样平凡的调味总归还是感觉有些不足。

用一点点咸菜丁，有了发酵过的鲜度，加入生抽和白胡椒粉又有了调味的鲜度。加一点清水煮开后再淋到茄子上，方便借助水这一介质让鲜度渗入茄子里，就会比普通的蒜蓉蒸茄子更好吃。当然，如果用鸡汤代替清水，效果一定会更好。

放入沸水蒸锅中用小火蒸 15 分钟左右，蒸箱也是同样的操作时间，出锅后撒上葱花就好啦。

蒜蓉泡椒风味

从前下厨的时候，我经常会用蒜蓉制成蒜油：把大量的大蒜压成蒜蓉，取一半入油炒香，另外一半保留生蒜状态，这就是好吃又好听的“金银蒜”。金银蒜混合之后蒸制食材，特别适合搭配茄子和各种海鲜。

我也经常单独使用泡椒或剁椒，作为湖南人，家常传统的“剁椒鱼头”从小吃到大。我发现不同的湘菜馆做这道菜的时候水准差异明显，有些餐厅用的剁椒过咸；有些餐厅的剁椒品质不佳，口感已经疲软或者皮肉分离；还有些餐厅则会在剁椒里增加大蒜末的比例。当然是不咸、没有皮肉分离又有蒜味的剁椒鱼头更好吃。

剁椒和泡椒本质上大同小异，都是辣椒发酵制品。我用口感更柔和的、没那么辣的泡椒混合金银蒜的蒜蓉来做蒸料，会不会更好吃呢？这道菜就是这样想到的。香辣浓香，效果果然不错。

鱼香茄子

原 料

① 长茄子 2 根，400~500 克；

② 小葱 2~3 根，切葱花备用；

③ 泡椒 2 根；

④ 大蒜 3~4 瓣，压成蒜蓉，老姜 1 小块，加清水用料理机打成姜汁；

- 如果没有压蒜器或料理机的话，尽可能用菜刀把蒜末和姜块处理得越细越好，茄子质地细嫩，尽可能不要有渣状物影响口感；

⑤ 陈醋 1 瓷勺，米醋（或香醋）1 瓷勺，白砂糖 1 瓷勺；

⑥ 生抽 1 瓷勺，盐 2/3 茶匙；

⑦ 淀粉 1 瓷勺，加 3 倍清水兑成水淀粉。

步 骤

1. 处理茄子

将茄子去皮之后先切成筒状，再切成粗条。去皮后的茄子质感更柔软，因为茄子缩水厉害，茄条也不需要切得太细。

不粘锅里放入 2 瓷勺油，烧热之后倒入茄条，先中火后小火，慢慢地烘干茄子里的水汽，直到茄条的体积大约缩小一半，盛出备用。

茄子虽然非常吸油，但只要耐心用小火慢慢处理，也可以处理成非常理想的质地。用微波炉“叮”或蒸箱蒸也可以让茄条变软，但可能会水汽太重，我个人比较偏向于用煎锅来处理。

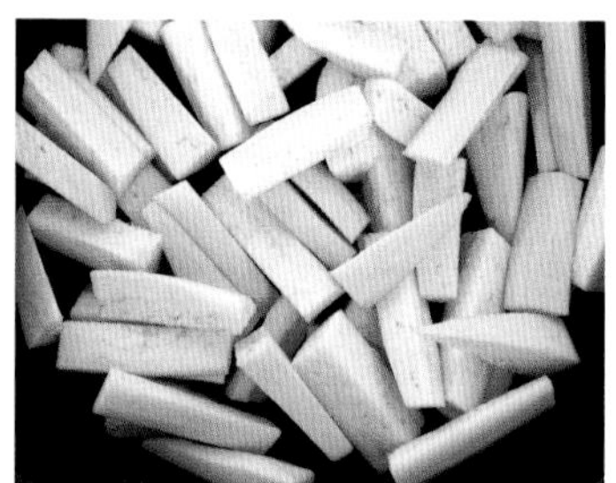

2. 调料汁

趁着煎茄条的时间，快速处理一下调料。泡椒去蒂之后剖开去籽，切成碎末。

把白砂糖、米醋（或香醋）、陈醋、生抽、盐调到一起，也可以根据个人喜好再加一点点料酒。白砂糖和两种醋的基本比例为1：1：1。最后混入水淀粉，一起搅匀备用。

3. 炒茄子

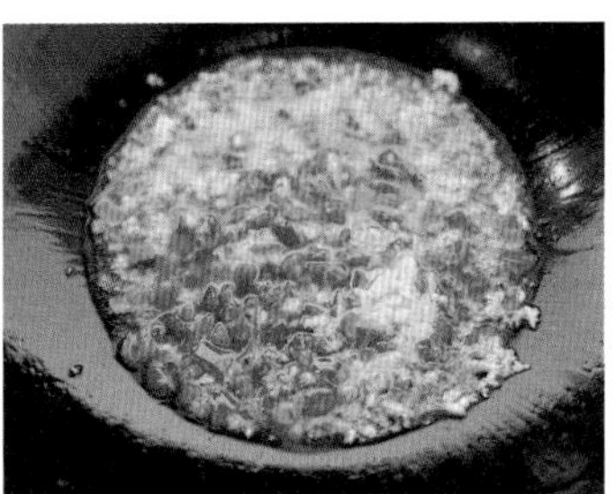

炒锅里放入2瓷勺油，中火烧热之后先把泡椒碎入锅炒出红色，再倒入蒜蓉和姜汁一起翻炒出香味。

倒入茄条翻炒，因为茄条已经处于半熟状态了，形态变化不会太大，把配料和茄条一起翻炒均匀就可以了。

茄条完全炒软之后，转大火，把混合好的料汁再搅拌一下避免淀粉沉底，然后顺着锅边淋入勾芡。茄子很容易吸收水分，为了避免煳锅，料汁里可以稍微多加一点水。

继续用锅铲抄起锅底，多翻炒几次到理想的收汁状态之后，关火撒葱花就可以出锅了。

鱼香风味

鱼香风味是川菜独有的风味，必不可少的原料是泡椒，其次需要用盐、酱油、糖、醋、葱、姜、蒜进行风味补充。因为同时具备酸、甜、咸、辣的味道和葱、姜、蒜的香气，风味非常复合且无可替代。

我自己的感受是，调鱼香料汁的时候葱、姜、蒜非常容易把握，比较难把握的是糖和醋的分量。吃起来不能像糖醋排骨、宫保鸡丁的糖醋味道那么浓郁，但又必须到位。我比较常用的糖和两种醋的比例是 1：1：1。

“鱼香茄子”可以和“豆瓣鱼香排骨”的菜谱一起看，两者一素一荤，后者是豆瓣和鱼香风味的叠加升级版。

糟醉冬笋

原 料

① 冬笋 2 根，带皮重量约 700 克，去皮后约 200 克多一点；

② 醪糟 1 碗，主要取汁水，如果买来的醪糟比较干，也可以挤压出汁水使用；

③ 盐 1 茶匙，白胡椒粉 1/3 茶匙；

④ 老姜 3~4 片，手指长度的大葱葱白 1 段，切片备用；

⑤ 干枸杞 7~8 颗作为点缀；

⑥ 简易鸡骨高汤 1 碗；

⑦ 鸡油 1 茶匙，没有鸡油的话可以用几块鸡皮或者 1 瓷勺芝麻油（香油）代替。

这道菜的风味主要取决于简易高汤、醪糟和料酒的比例（我在最后定稿的菜谱中没有用到料酒，但试做的时候也加过）。醪糟和料酒的比例越高，当然酒味就越浓郁。譬如简易高汤、醪糟、料酒的比例为 1∶1∶1，就是一个酒类原料比较高的比例。而如果醪糟的比例更低，譬如简易高汤和醪糟的比例为 3∶1 左右时，几乎就相当于一道咸鲜口的蒸菜。

步 骤

1. 处理冬笋

将冬笋靠近根部比较老的部分切掉一段，然后纵向剖成两半，方便更精确地去壳。去壳后的冬笋放入凉水中煮开后转小火煮 5 分钟，沥干水分略放凉之后，将冬笋切成小一点的滚刀块或条状备用。

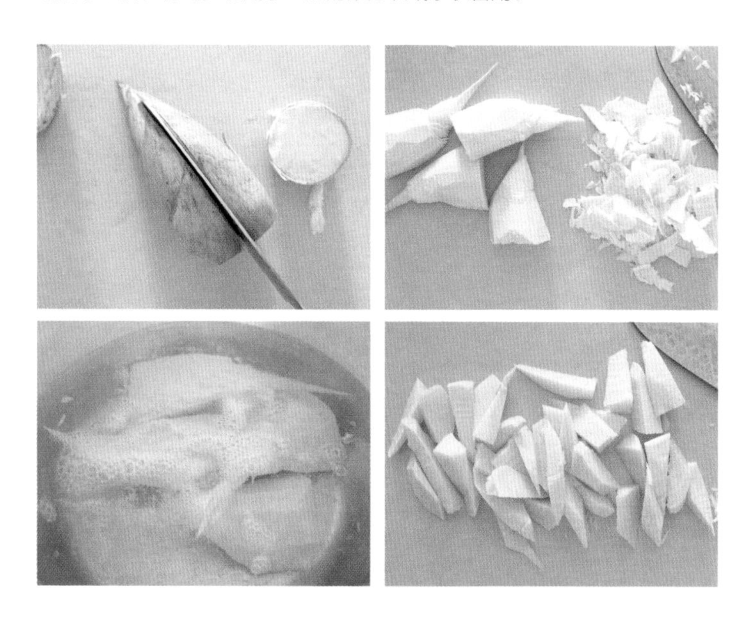

2. 调料汁

将简易鸡骨高汤和醪糟汁按自己喜欢的比例兑好（比例建议在原料部分有说明），加入盐、白胡椒粉，一起淋入装了冬笋的碗中。码上姜片、大葱片，舀入鸡油，盖上盖子在沸水蒸锅或蒸箱中小火蒸 40 分钟。

3. 出锅

将干枸杞在沸水中小火煮半分钟备用。蒸好的冬笋去掉姜片、葱片，倒掉多余的汤汁，用煮软的枸杞点缀就可以了。

甜香醪糟风味

把这道菜和点心部分的醪糟牛奶冰放到一起可能更容易理解，毕竟当醪糟、冰糖、枸杞的元素叠加时，呈现在甜品里比较多。但实际上这样的风味也很适合出现在一些比较素的、食材简单的菜肴中。甜和咸并不冲突，也能给菜肴增加一些酒香。

糟醉冬笋的做法我曾经试过好几种：只用醪糟汁，那是一味地甜；用醪糟汁加料酒，也并不能如想象中呈现不同的层次；醪糟汁加盐、姜、葱、高汤是比较理想的搭配，醪糟和甜香更适合作为点缀，而不是作为咸口菜肴的主旋律。

蒸的时间我也试过好几种，冬笋的脆度和鲜味不太容易被蒸制时间所影响。所以视冬笋的大小，将蒸制时间延长为 40~50 分钟，涩味尽去，只留鲜香，是更理想的。

荤菜

叉烧滑蛋

原 料

① 鸡蛋 4 个；

② 叉烧 1 块，体积大约是 1 个鸡蛋的大小，不方便买叉烧的下文也有替代方案；

③ 无盐黄油 1 小块，约 10 克；

④ 盐半茶匙；

⑤ 鱼露 1/3 瓷勺；

⑥ 小葱 1~2 根，切葱花。

步 骤

1. 切叉烧

把叉烧切成厚度为 1~2 毫米的薄片，尽量薄一些，不要太厚。太厚的叉烧质感和鸡蛋不搭，吃在嘴里满口都是肉，鸡蛋没有存在感，口感不平衡。

2. 打鸡蛋

4 个鸡蛋磕到大碗里，加入盐和鱼露，一起用筷子或打蛋器打到蛋液起“鱼眼泡”的程度，这样能让鸡蛋口感更松软。

TIPS

- 蛋液中加入盐和鱼露调味再打散，是为了让蛋液均匀地入味儿，而入锅后再调味容易咸一口淡一口。
- 鱼露可以把这道菜提出一些额外的鲜味，非常好吃，我不建议省略，在大一点的超市或是网上都能买到。
- 鸡蛋打出泡之后放置一会儿泡会容易消散，所以这一步最好在入锅前再做。

3. 炒叉烧

在不粘锅中倒入约半瓷勺普通植物油，中火烧热后把叉烧肉片倒入，翻炒半分钟炒香。如果叉烧有肥肉的部分，要炒到肥肉有点透明。

为什么这一步不用黄油来炒呢？黄油加热时间太长容易焦，成品的颜色就显得不嫩了。

4. 炒鸡蛋

不粘锅保持中火，同时倒入蛋液和一小块固体状态的无盐黄油。不停地用木铲拨动蛋液，让没有凝固的蛋液尽快凝固，一刻都不要耽误，尽量不要让已经凝固的蛋液持续受热。

黄油和蛋液一起入锅后，要迅速把黄油往锅底拨一拨，免得蛋液已经达到想要的状态，黄油却没有完全熔化。当黄油缓慢熔化的时候，也就自然形成了像汁水一样的效果，能让蛋液更滑嫩。

注意炒鸡蛋的时候拨动蛋液的手势要轻一些，如果有蛋液被锅铲拨到了锅壁边缘，要迅速把它们拨回来。尤其注意锅壁边缘没有油的位置，在这里的蛋液容易被煎得发干。

一直翻炒到蛋液达到七分熟，还有一点点流动的状态。马上关火，出锅，撒葱花。如果不喜欢太生的小葱，就先撒葱花再关火出锅。

出锅之后菜仍然是有余温的，绝对不能等到蛋液在锅里全熟，否则吃到嘴里就过了火候了。在需要准确把握温度的菜肴里，要把菜肴出锅后的“余温”也考虑进去。

蛋液又滑又香，熔化的黄油混合在蛋液里，好似天然酱汁，有一股浓郁的奶香味儿，极其好吃！尝一口之后就会想把这一盘子倒扣在米饭上。

这个做法当然也可以做出滑蛋虾仁、滑蛋牛肉和其他的滑蛋菜式。只要注意不同食材的成熟状态和炒鸡蛋的火候就可以了，大部分步骤都完全相同。在鸡蛋不能炒老的前提下，使用其他食材也最好先提前处理到七八成熟之后再加入鸡蛋。

从风味上来说，叉烧滑蛋也可以归类为“咸鲜风味”。但因为这道菜的技法非常通用，仍然值得单独记下一笔。

叉烧滑蛋和糖醋烘蛋是关于鸡蛋烹饪火候掌握的两个极端，一个要求特别嫩，一个要求鸡蛋要老一点。把两个菜谱对比起来看，能明显感受到不同火候对于食材呈现效果的影响。

花椒烧蛋

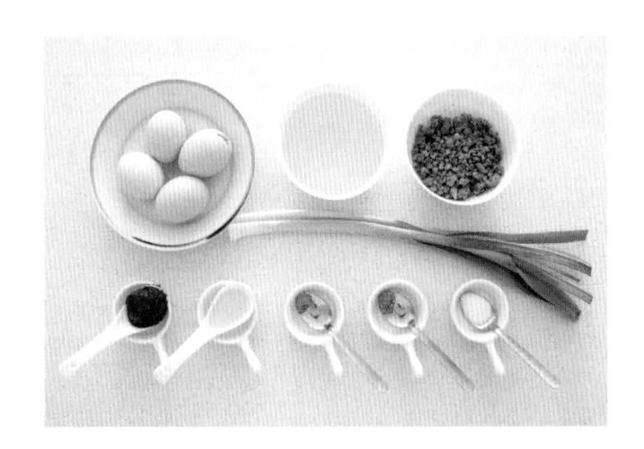

原 料

①“万能肉末”1 碗，50~80 克；

② 简易高汤 1 大碗，大约需要 400 毫升，我用的是牛骨汤，也可以用鸡骨汤；

③ 鸡蛋 4 个；

④ 青蒜（有些地方叫蒜苗）2~3 根，切段备用；

⑤ 花椒油或藤椒油 1 瓷勺；

⑥ 郫县豆瓣酱 1 瓷勺；

⑦ 盐 1 茶匙；

⑧ 花椒粉 1 小撮，辣椒面 1 小撮（可以按个人喜好增减，完全不吃辣的也可以省去辣椒面）。

步 骤

1. 煎鸡蛋

在不粘锅中烧热约 2 瓷勺油到冒烟的程度，保持中火。磕入 4 个鸡蛋，煎到鸡蛋边缘焦黄起大泡之后，把鸡蛋翻面，马上关火。

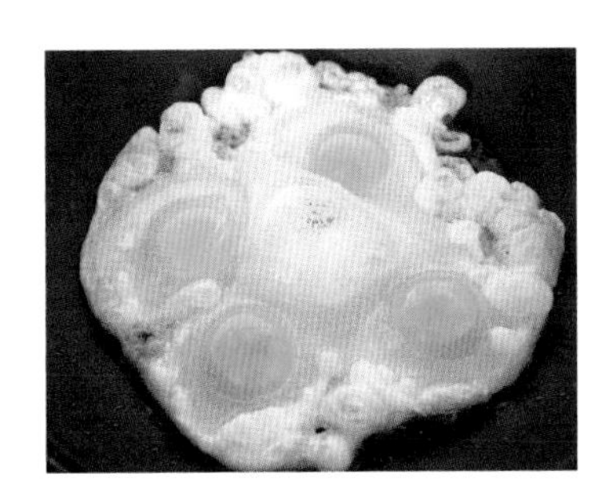

TIPS

煎鸡蛋不难，要素只有两点：油要热、鸡蛋要新鲜。

- 锅热、油热，是鸡蛋尤其是蛋清部分能够煎出大泡的保障，可以用冒烟的程度来判断油温是否到位。
- 为了保证鸡蛋的火候一致、方便进行翻面操作，我会把 4 个鸡蛋都先磕到一个大碗里，等油温到位了再一股脑儿倒进锅里。
- 是否想要流心的蛋黄完全看个人喜好，如果喜欢煎得更老的鸡蛋，可以把鸡蛋翻面后用锅铲压出蛋黄，再多煎一会儿到鸡蛋两面都呈现比较焦脆的口感。
- 鸡蛋入锅之后，锅里的温度会下降。如果想煎出更老、更焦的鸡蛋，要注意这个温度差。
- 如果翻面的时候蛋黄特别容易破，又不是因为锅铲给戳破了，比较大的概率是鸡蛋新鲜度不够。

2. 炒菜煮汤

炒锅里放 2 瓷勺油，倒入郫县豆瓣酱，小火炒出红油。再放入切成段的青蒜，炒香。

倒入“万能肉末”，翻炒几下炒散。

倒入简易高汤、盐和一半花椒油，一起煮开。

TIPS

- 郫县豆瓣酱容易煳，注意炒的时候火力要小。为了口感更好，可以把郫县豆瓣酱事先剁碎或者加点油用搅拌机打成泥。
- 冬天的青蒜比较好吃，春夏季节的会有点偏老。如果春夏季节制作和青蒜有关的菜式，需要早一点将青蒜入锅，把青蒜段煮软一点，拯救一下口感。

煮开后关火，再加入剩下的一半花椒油。出锅前再加剩下的半勺花椒油是为了保持香气，花椒油的香气非常容易挥发，尽量不要过度加热。

淋到刚刚煎好的鸡蛋上。

为什么不直接把煎好的鸡蛋放到汤底里面煮呢？如果不介意蛋黄完全熟透，放进去煮是没问题的。但如果想要流心的蛋黄，就不能再让煎鸡蛋过度受热了。

表面再撒上一些花椒粉和辣椒面，就可以了。

戳开蛋黄还是很嫩的，整个菜连汤带料都很适合拌饭。

麻香风味

麻香风味是以花椒或者藤椒为主旋律的风味，也许还会有少许酱油、白胡椒、辣椒、葱、姜、蒜等元素并存，但麻味一定是最明显的。

这道菜里的麻香风味来源有二：一是花椒油或藤椒油，二是花椒粉。两者的质地、回味有很大不同，油质调料的风味在菜肴里会渗透得更彻底、更均匀，而花椒粉在第一时间入口，给人的味觉冲击力更大。并不存在谁替换谁的问题，在这个菜谱里可以体会到两种调料明显的互补作用。

在江湖菜相当流行的现代餐饮中，很多菜品放眼望去满盘子都是花椒或藤椒粒，那可能就是典型的麻香风味菜肴，这么说来对这种风味就很好理解了。但家庭烹饪中很少有让麻味显得如此“强势”的做法，无论从口味平衡度还是操作简易度上考虑，我更建议使用“花椒烧蛋”菜谱中的调味方式。

另外，麻香风味也很适合作为复合型风味的基础。如果让麻和辣更平衡，那么就变成了麻辣。如果再加入豆瓣酱、鲜辣椒等不同调料一起作用，又是完全不同的味道了。

五花肉炒蛋

原 料

① 偏瘦的五花肉约 100 克，鸡蛋 4~5 个；

② 老姜 1~2 片，切姜丝；

③ 生抽大半瓷勺，盐半茶匙；

④ 白胡椒粉半茶匙；

⑤ 香菜根 10 根左右，洗净泥沙，用厨房纸巾尽量擦干备用。

步 骤

1. 处理原料

五花肉去皮切薄片。可以请摊贩代为处理，如果买回来的五花肉是带皮的话，可以先在中间切一刀，然后顺势切掉皮的部分，操作起来更容易。

五花肉里加调料中的一大半生抽和一半白胡椒粉，抓匀腌制半小时左右。鸡蛋打入碗内，加几滴生抽、半茶匙盐和另外一半白胡椒粉，打散备用。

鸡蛋和五花肉应该分别加什么调料？因为生抽或老抽里带有一些糖分，用来腌肉除了能给肉增加味道之外，也会让肉的口感更嫩。生抽可以提鲜，蛋液里也不妨来几滴。白胡椒粉就一边一半，让整个胡椒风味均匀分布。

2. 炒肉

不粘锅里放入约 2 瓷勺油，中火烧热，先把姜丝和擦干后沥干水分的香菜根一起入锅炒出香气，让整个油带有浓郁的香菜和姜丝的味道。

香菜根是整根香菜里味道最浓郁的部分，我曾经在微信公众号“香菜卤猪蹄”的菜谱里也提过这个用法，用在炒鸡蛋里面也特别提味儿，非常好吃！不过如果完全无法接受香菜也不要紧，这道菜没有香菜也是成立的。

把已经炒出香气的姜丝和香菜根拨到一边，让它们继续发挥作用。腌好的五花肉片也入锅，中小火慢慢炒香。

炒到所有的肉片微微焦黄、全熟的程度。然后把香菜夹出来，避免影响口感。姜丝夹不干净也不要紧。

3. 炒蛋

打散的蛋液直接入锅，一起炒匀就可以出锅了！

除了肉和鸡蛋，调料就是简单的盐和生抽，提味的是香菜根和白胡椒粉。就选料来说实在是太常见、太简单了，香菜根和白胡椒粉都是风味极其霸道的配料，它们俩也绝不互斥，白胡椒粉去腥增香，香菜根把五花肉和鸡蛋的味道刷新到了无与伦比的新层次！

TIPS

是不是非常简单？至于蛋液炒成什么程度完全看个人喜好：

- 如果喜欢很嫩的鸡蛋，那么就用叉烧滑蛋里提过的做法：不停地拨动蛋液，让没有凝固的蛋液尽快凝固，但不要让已经凝固的蛋液持续受热。
- 喜欢炒老一点的鸡蛋就更容易了，让鸡蛋多接触锅底热源，自然就有焦香。你看，道理都是一通百通。

香草复合风味

香草复合风味，指的是把平时风味浓郁的蔬菜或香草譬如香菜、芹菜、罗勒或九层塔、薄荷、藿香等应用在菜肴里的做法。这个做法在最近几年的菜谱里被我应用得非常愉快，没有别的原因，就是简单、好做、易出彩。除了五花肉炒蛋之外，还有在微信公众号发布过的同样应用了香菜根的卤猪蹄，在九层塔或罗勒、薄荷中任意选一种应用的胡椒香草蛤蜊汤等都是这样的思路。

香草复合风味的操作思路有二：如果是比较耐久煮的食材，譬如香菜根、芹菜根等，可以想办法让它的香气更浓郁，然后放到比较搭配的食材做法中。五花肉炒蛋就是很寻常的一个搭配，但只有五花肉和鸡蛋又有点无趣，加了香菜根之后极其点睛。并且香菜根的味道借助油脂渗透到了食材的每一寸细节，很容易带来不一样的体验。

另外一个操作思路比较简单，就是在出锅后撒上香草，也许许多人没意识到这也是一种做菜的“公式”。在微信公众号曾经发表过的胡椒香草蛤蜊汤里就很明显，出锅后撒一把九层塔还是撒一把薄荷，就能得到截然不同的两道汤水。

蚂蚁上树

原 料

① 绿豆粉丝 2 把，90~100 克，使用豌豆和绿豆混合制作的粉丝也可以，但不推荐使用红薯粉，在这道菜里风味和口感不如绿豆粉丝；

② “万能肉末”约 50 克；

③ 简易牛骨高汤 1 大碗，约 400 毫升；

④ 小葱 2~3 根，切成葱花备用，也可以按个人喜好选择青蒜；

⑤ 郫县豆瓣酱 2 瓷勺，最好提前用搅拌机打碎；

⑥ 老姜加清水，提前用搅拌机打成姜汁，取用 1 瓷勺；

⑦ 大蒜 4 瓣，用压蒜器压成蒜蓉备用；

⑧ 花椒油或藤椒油半瓷勺到 1 瓷勺，实在没有的话也可以省略。

步 骤

1. 处理原料

绿豆粉丝提前放入冷水中浸泡半小时到 1 小时，用厨房剪刀剪几下，把粉丝剪短。用冷水而不要用热水浸泡绿豆粉丝，烹饪的时候就不容易因为加热过度而让粉丝口感太过软烂。

蚂蚁上树的关键在于要让所有的食材尺寸小一点，这样才能“爬”上绿豆粉丝这棵“树”。爬树的关键是“蚂蚁”，绿豆粉丝本来就比较细，“蚂蚁”应该比例更小才对。而且“蚂蚁”要稍微多一点，才能形成密集的“爬树”的视觉效果。“万能肉末”以绿豆粉丝的一半重量为最佳比例，炒好的“万能肉末”放到砧板上细细地剁碎，绝对不能有大颗粒。这一步剁得越细，成品就越好看。

同样也是因为不希望其他食材影响蚂蚁上树的效果，姜、蒜、郫县豆瓣酱都最好提前用搅拌机处理得越细越好。这样“上树”的就只会有“蚂蚁”，而没有乱七八糟的一堆东西。

郫县豆瓣酱可以用搅拌机一次多打一些放到冰箱冷藏备用，平时做菜的时候也省去了将豆瓣酱切细的步骤。把蒜蓉放到“万能肉末”里一起剁碎、剁匀，这样处理的姜、蒜几乎没有颗粒感。

2. 炒红油

在不粘锅或炒锅中倒入 2 瓷勺油，不等油烧热就把郫县豆瓣酱入锅，小火慢慢煸炒出红油。

没等油烧热就开始煸炒郫县豆瓣酱，是因为温度太高了豆瓣酱容易煳。用低温来尽量延长炒豆瓣酱的时间，还可以让红色素析出更充分，油就更红亮。

红油炒到位之后，再把姜汁、剁碎的肉末（蒜蓉也混合在肉末里了）一起入锅炒匀。

3. 烧粉丝

将浸泡过的绿豆粉丝捞出来，沥掉水分直接入锅，倒入足够没过粉丝的简易牛骨高汤。烧沸后关火，静置 5~10 分钟。

这个静置时间作用有二：一是让其实还是比较干的绿豆粉丝再次“泡发”；二是让调料汁也就是郫县豆瓣酱的味道和简易牛骨高汤一起渗入绿豆粉丝里面，这样粉丝就同时有了咸度、鲜度和辣度。粉丝虽然细，也要入味才好吃。汤里的“万能肉末”也为菜肴提供了更多的风味，这样复合型的风味吃不出具体的某一味是从何而来，但就是会特别好吃。

静置几分钟之后的粉丝明显吸收了一些汤汁，但别担心，这个时候如果用筷子搅动一下，还是会发现有一些汤的。

转大火，将剩余的汤汁烧到只剩锅底非常浅的大约 0.5 厘米的一层。关火，淋入花椒油或藤椒油，撒上葱花就可以出锅了。

不放花椒油或藤椒油，这道菜也是成立的。不妨试试看放与不放的风味区别，我觉得有一点花椒香味非常点睛。因为花椒油或藤椒油受热容易挥发，也务必注意要在出锅之前再加比较好。

夹起来看看，“树”上爬满了“蚂蚁”。

家常豆瓣风味

“家常风味”并不是指广义的家常菜的味道，而是特指川菜中的“家常味型”概念。因为豆瓣酱在川菜中的大量运用，所以传统的“家常味型”是以豆瓣酱为主，适当添加其他调料。为了方便理解，将“家常豆瓣风味”的含义设定得比“家常风味”更窄一些，几乎仅以豆瓣酱为主打调料。

家常豆瓣风味能否出彩的最关键之处在于豆瓣酱的品质。我在很长一段时间里都对用豆瓣酱做菜“兴致缺缺”，大部分市面上的豆瓣酱都味咸多渣，实在是不能领悟它的美妙。

我喜欢的豆瓣酱首先必须得是陈酿型，2 年陈酿、3 年陈酿、5 年陈酿都可以，陈酿过的豆瓣酱味道绝对更醇厚鲜美。其次最好能将豆瓣酱打碎使用，比起不管剁多久仍然满案板都是辣椒皮渣渣的传统处理方式来说，直接扔到搅拌机里打碎的豆瓣酱用起来实在是太方便了，不需要过滤也完全不会影响菜肴成品的口感。

对“家常风味”最熟悉的应用可能是在麻婆豆腐中，配料主要有豆瓣酱、豆豉（湿豆豉）、花椒、盐、青蒜（蒜苗）；对“豆瓣风味”最熟悉的应用可能是在“豆瓣鱼”之类的菜肴里，配料主要有豆瓣酱、酱油、白砂糖、料酒、醋、姜、蒜等。蚂蚁上树和麻婆豆腐的风味非常接近，而这几种风味的差异也很小，可以多尝试几次慢慢体会。

藤椒猪蹄炒鲍鱼

原 料

① 猪蹄 2 只，剁成大块；

② 小鲍鱼 6~7 只，去壳、刷洗干净备用，如果使用活的小鲍鱼效果更好；

③ 芦笋 1 小把；

④ 杭椒 7~8 根，或者按个人的嗜辣程度选择其他的辣椒品种；

⑤ 炖猪蹄用香料：老姜 1 块，花椒约 10 颗，八角 1 颗；

⑥ 炒菜用香料：老姜 5~6 片，大蒜 5~6 瓣，花椒约 10 颗；

⑦ 盐 1 茶匙，白砂糖半茶匙，老抽半瓷勺；

⑧ 藤椒油或花椒油 1 瓷勺。

步 骤

1. 炖猪蹄

猪蹄放入凉水中煮开后取出，清洗干净。在高压锅中放 1 块老姜、约 10 颗花椒和 1 颗八角，加入足够没过猪蹄分量的清水压 15 分钟就可以了，也就是提前把猪蹄处理到软糯脱骨。

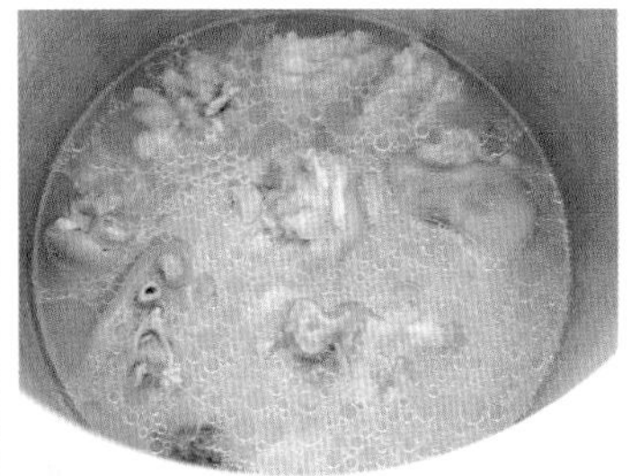

TIPS

- 高压锅炖煮食物的计时方式，是在高压锅“上汽”之后转小火，此时再开始计时。
- 不同高压锅的压强也不一样，需要根据自家高压锅稍微调整一下，判断标准是用筷子戳一戳猪蹄，感觉非常软糯就行。如果没有高压锅，也可以用普通铸铁锅或汤锅煮 1 个小时以上。

2. 处理小鲍鱼

炖猪蹄的同时可以处理一下小鲍鱼。我是将小鲍鱼带壳煮的：将带壳的活鲍鱼刷洗之后放入凉水，从一开始就用小火慢慢把鲍鱼连水一起煮开，需要 7~10 分钟。看到锅中间开始冒非常小的气泡之后，再继续煮 3~4 分钟。活鲍鱼凉水入锅，始终小火煮，是我吃过最柔软的小鲍鱼。强调凉水入锅、一直小火煮，目的是让鲍鱼缓慢受热，尽可能地保持它的柔软口感。

煮好的小鲍鱼取出来放凉，再去壳切成小块。

3. 处理配菜

煮小鲍鱼的时间里，把蒜拍成块儿，芦笋削去根部的老皮后切段，杭椒用菜刀拍一下后，去蒂切成段。

特别值得一提的是杭椒，略微拍碎之后更容易炒蔫儿，更容易炒得香而不辣。

这会儿猪蹄也该煮得差不多了，捞出来过一下凉水或凉一会儿，用小刀剔掉骨头，切成小块。

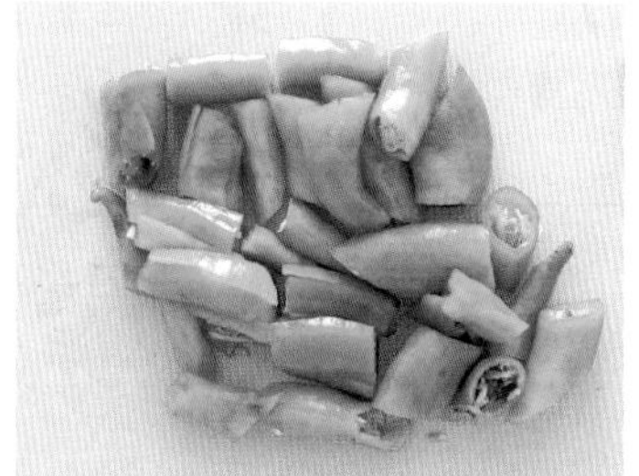

4. 炒菜

中火烧热 2 瓷勺油——炒辣椒的油量不能过少，不然会呛。把姜片、蒜块、花椒炒出香气之后，先倒入杭椒段不断碾压、翻炒到有点蔫儿了，再倒入芦笋段略翻炒。

加入炖好的猪蹄，淋入老抽，非常迅速地翻炒几下。这道菜上色不需要太重，如果使用了颜色很浓郁的老抽品牌，建议减量滴几滴就行。

快速翻炒之后加入切块的鲍鱼、盐和白砂糖。再次迅速地翻炒几下，调料匀了就马上关火，然后淋入藤椒油或花椒油，拌匀出锅。从猪蹄入锅到关火，这个过程绝不会超过 1 分钟。而关火之后再加入藤椒油或花椒油，可以最大限度地避免因为加热造成的香气流失。

酱油色仍然是第一眼看上去就有“入味”感的调料，而藤椒油的香气会第一时间吸引你。所谓的色、香、味俱全，就是如此简洁的表达了。

麻辣风味

“麻辣”风味的“麻”和“辣”来源都非常多样，所以仅仅一种麻辣风味，是可以有很多种不同麻度和辣度的排列组合的。在“藤椒猪蹄炒鲍鱼”里，麻味来自花椒和藤椒，辣味来自新鲜辣椒，算不上非常凶猛的麻辣风味。除了这种麻辣之外，“辣”还可以来自辣椒油，豆瓣酱，不同品种的新鲜辣椒、干辣椒、糟辣椒等，麻味和辣味食材使用的分量也可以决定麻辣风味的轻重。

近年来的餐饮趋势是麻辣当头，越麻越辣越吸引人。但实际上麻辣也是一种平衡的味觉体验，麻到舌头没有知觉，辣到从嗓子到肠胃都火烧火燎一样，就完全走偏了。我个人偏好的麻辣风味主要强调的是香气，适度的香气、麻味和辣味结合在一起，才是最开胃也最恰当的麻辣风味。

泡椒蒜子烧猪肚

原 料

① 大约 1 斤的猪肚 1 只；

② 煮猪肚的香料：老姜 1 块，花椒约 10 颗，八角 1 颗，桂皮 1 小块，香叶 2~3 片；

③“万能肉末”约 100 克；

④ 黄瓜 1 根，也可以用莴笋等蔬菜代替；

⑤ 青蒜 2~3 根，洗净切段；

⑥ 盐 1 瓷勺；

⑦ 泡灯笼椒约 10 颗；

⑧ 大蒜 6~7 瓣，用菜刀压一下；

⑨ 藤椒油 1~2 瓷勺，没有的话可以省略，菜谱最后会有说明。

步 骤

1. 清理猪肚

很多人听到猪肚和肥肠就发怵，其实大可不必，实在不行还可以去部分熟食店买现成的。准备好一副一次性的手套，猪肚可怕的地方就只有黏液、黄色脏污和白色的肥油。

先把外层的白色油脂部分撕掉，然后处理黏液。现在大部分超市已经会把猪肚的肥油择得比较干净了，主要是把猪肚内侧翻出来，用大量的干淀粉揉搓。

干淀粉可以附着上猪肚黏液，变成小小的片状。

用淀粉将猪肚内外反复揉搓两次，就已经非常干净了。

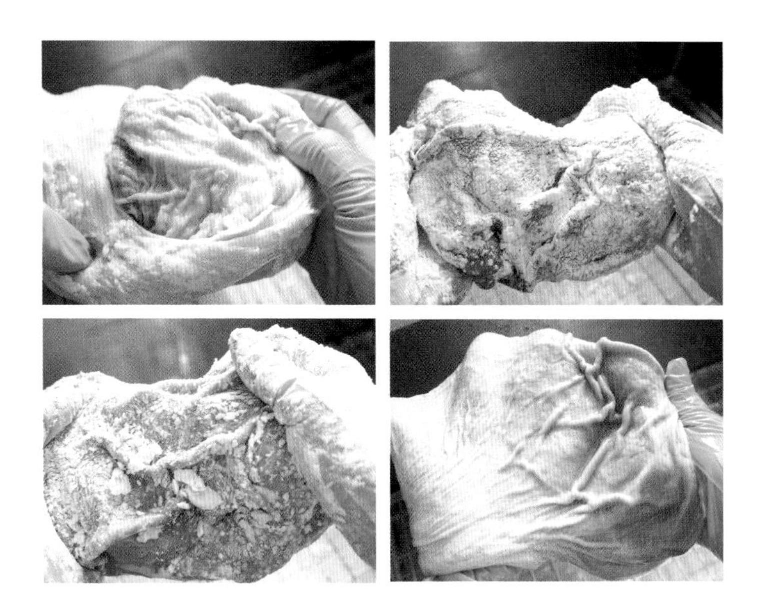

搓洗掉黏液的猪肚，先放入凉水中煮开，焯水，再切去黄色脏污的部分和可能剩余的白色肥油部分。

先焯后煮是因为煮熟的猪肚比生猪肚要好切得多。

处理干净的猪肚，加八角 1 颗、桂皮 1 小块、老姜 1 块、约 10 颗花椒和足够没过猪肚的水，放入高压锅煮 15~20 分钟到猪肚完全软烂。如果没有高压锅，普通汤锅煮 40 分钟左右至筷子能很容易戳过猪肚就行。

2. 煮猪肚

把高压锅或汤锅煮好的猪肚切成粗条，煮猪肚的汤留着备用。

汤锅里倒入 1 瓷勺油烧热，先炒香蒜瓣，再放入青蒜段。

切条的猪肚和泡灯笼椒也入锅。

加入“万能肉末”，再加入刚刚煮猪肚的汤，加盐一起烧沸。

在猪肚、泡椒、炒过的肉末共同作用下，汤水会呈现一种浓郁的黄红色，我管这种颜色叫“开胃色”，猪肚就是有本事让汤汁变得浓郁有质感。

汤汁烧沸后尝一尝咸淡，需要的话略做调整。然后转小火，让它滚上 5 分钟左右入味。

趁着这个时候处理黄瓜，把黄瓜皮随便刮擦几下，切成薄片。保留一点皮，保留一点脆度；又削掉一点皮，让味道入一入。

黄瓜片入锅 10 秒后就关火，煮久了就太软啦。连菜带汤出锅后，再淋上 1~2 瓷勺藤椒油。尽量不要让藤椒油受热，免得香气挥发。

我曾经在杭州的一家中餐厅吃过一道韭菜拌蛏子，原料很简单，但蛏子用的是泥蛏，比平时常见的水汪汪的蛏子鲜味更足。调料里用了一点点花椒油，特别提味儿。那顿饭同桌坐着城中热门餐厅的主厨，他看我对这个搭配特别喜欢又跃跃欲试，马上加送了我一个小窍门：煮好的浓汤加几滴花椒油，也特别好吃。至于是什么样的浓汤，又加多少花椒油？他当然没有说，我觉得也没必要问得这么细。

毕竟到了我想出一道猪肚菜谱的今天，这个小窍门也就自然而然地用上了。汤底是浓鲜浓鲜的，黄瓜也脆。蒜瓣如果炒得够焦，煮得也会更加软烂。最重要的是在浓郁微辣的汤水里，有一点点花椒油或藤椒油让汤底基调明显变得更加悠扬，还丝毫不影响下饭。

除了猪肚之外，也可以用肥肠、牛腩等食材代替。

泡椒藤椒风味

泡椒风味和藤椒风味都在前面的菜谱中有了单独的叙述，而这道菜叫它泡椒麻香风味也好、泡椒藤椒风味也好，总之可以理解为泡椒加上花椒或藤椒的复合风味。比起一般用新鲜辣椒或干辣椒来说，使用泡椒和花椒或藤椒的结合，味道会来得更加清爽开胃。

事实上这种风味的叠加在很多菜谱中非常常见，只是在这本书的菜谱里都单独拆分出来讲解了一番。不同风味如何叠加不需要死记硬背，熟练几个菜谱的调味方式和搭配之后，就能慢慢形成习惯和直觉了。

豆豉菜干蒸五花肉

原 料

① 质地偏瘦的带皮五花肉约 400 克；

② 菜干一大把，没泡发时体积和五花肉差不多；

- 菜干的种类可以看方便选这些：霉干菜，起码提前 4 个小时浸泡；干豆角，就是豇豆的干制品，要提前一晚浸泡；白菜干，就是广东人会用来煮粥、煮汤的菜干，起码提前 4 个小时浸泡。

③ 盐 1 茶匙；

④ 老抽半瓷勺，生抽 1 瓷勺；

⑤ 干豆豉 20 颗左右，用浏阳干豆豉或阳江豆豉，不建议用湿豆豉或豆豉酱；

⑥ 辣椒面 2 茶匙，可以根据自己的嗜辣程度增减，但我建议不吃辣的人也可以放一小撮不太辣的辣椒面，提味效果很好；

⑦ 大蒜 1 整头；

⑧ 小葱 2~3 根，切成葱花。

步 骤

1. 切肉

把带皮五花肉切成 3 毫米左右的厚片。3 毫米左右是我比较喜欢的厚度，做出来有口感又不油腻，不建议切太厚或者切成块。

2. 蒸肉

用生抽抓匀五花肉片，标准是每一片五花肉都能均匀地沾上薄薄一层生抽，无须腌制太长时间。将五花肉放入沸腾的蒸锅里，小火慢蒸 1 个小时。配方中给的生抽参考量是 1 瓷勺，也要根据肉量来灵活调整。

小火慢蒸的猪肉，只要肉的品质够好，什么香料都不必放，已经有满屋子的肉香。蒸肉的时候，顺手把泡好的菜干清洗干净，充分拧干。反复几次，洗掉可能有的沙子。

3. 蒸菜

五花肉蒸了1个小时之后，肉质软而不烂，保持了弹性，肥肉还结实着。

这个时候把拧干的菜干扒松，垫到碗底，薄薄地撒上一层盐，铺上剥皮的蒜瓣。

再依次码上：已经蒸过1个小时的五花肉，蒸五花肉碗里析出的肉汤，另外加入老抽、干豆豉和辣椒面。重新放入蒸锅，小火继续蒸1个小时。

蒸好后，撒上葱花出锅。

迫不及待地连汤带肉舀出一勺放到米饭上。慢蒸 2 个小时，不着急。肥肉被蒸得一点油都没有，菜干喷香有味儿。蒜头最好吃，一盘菜每次吃到最后，都要假模假样地谦让这些软软糯糯又吸收了肉汤的蒜头！

TIPS

- 生抽给五花肉调了味，盐只负责给菜干调味。
- 再加一点点老抽，是为了颜色更好看些。但注意，有些品牌的老抽本身偏咸，在调整咸度和颜色的时候，自己尝一片五花肉会更好把握。
- 五花肉被蒸出来的肉汤千万不要浪费，用它浸没菜干才好吃！

  连续用小火慢蒸，几乎不需要照看锅子，但注意蒸锅里的水要加够哦。

豉香风味

大概因为湖南盛产干豆豉，对我来说“豉香风味”是从小就很熟悉的味道。干豆豉无论和蒜还是辣椒都非常搭，在蒸菜、小炒里的应用尤其多。豆豉和生抽、老抽又属于同源的黄豆制品，混合使用绝不会突兀。

我在用豆豉的时候会注意这么几点：

- 干豆豉的质地偏硬，如果是用来做小炒，最好提前先用清水泡软一会儿，再沥干使用。但如果是在蒸菜中使用，反正蒸制过程中可以吸收水分，是否浸泡就区别不太大了。
- 另外，干豆豉和湿豆豉的咸度差别很大，干豆豉基本不太影响调味，湿豆豉建议经过泡水、加菜籽油蒸制之后再使用。一来用泡水的方法去掉多余的盐分，二来和菜籽油一起蒸制 10 来分钟，也有利于拯救湿豆豉并不明显的香气。

严格说来，用干豆豉加干辣椒的做法属于“香辣豉香风味”。这个搭配在湘北的浏阳地区也格外盛行，根据食材不同区分蒸制时间，但调味方式大抵是一样的。用干豆豉和干辣椒蒸出来的菜肴干香扑鼻，非常开胃。而如果不用干辣椒，把“豉香风味”加上新鲜辣椒，又可以变成“豉椒风味”。还有一种常见的“豆豉蒜香风味”，会在后面的“蒜豉小鲍鱼”菜谱中介绍。

豆瓣鱼香排骨

原 料

① 肋排约 1 斤，剁成小块，尽量选择肉瘦一点的肋排；

② 白胡椒粉半茶匙，盐半茶匙；

③ 郫县豆瓣酱 1 瓷勺；

④ 泡椒（泡二荆条）2~3 根；

⑤ 大蒜 3~4 瓣，老姜 1 小块；

⑥ 陈醋 1 瓷勺，白砂糖半瓷勺到 1 瓷勺；

⑦ 淀粉 1 瓷勺，兑上大约三倍的清水调成水淀粉；

⑧ 小葱 3~4 根，切葱花。

步 骤

1. 煎排骨

肋排冲洗干净之后尽量用厨房纸巾擦干、吸干水分。然后撒上白胡椒粉和盐，作为基础的去腥提鲜腌制约 10 分钟。注意，因为调料中的郫县豆瓣酱和泡椒都带有咸味，腌制的时候一定不能放太多盐。

吸干水分是大多数人尤其厨房新手容易忽略的一点，这个操作有两个好处：排骨入锅不容易溅油；也更容易煎出香气。

锅里烧热 2 瓷勺油，把排骨半煎半炒到两面变色后盛出来备用。

2. 炒香料

把郫县豆瓣酱、泡椒、老姜、蒜瓣都剁碎，如果泡椒能去籽更好。

在铸铁锅里放 2 瓷勺油，先用小火把剁碎的郫县豆瓣酱炒出红油（炒红油的做法在“蚂蚁上树”菜谱中介绍过）。炒出红油之后再转中火炒香泡椒末、姜末和蒜末，这几种调料已经奠定了“豆瓣鱼香”的基本调味。期间要多翻炒，避免豆瓣酱粘锅。

3. 烧排骨

把煎好的排骨倒入铸铁锅中，注入足够没过排骨的清水，加入陈醋和白砂糖大火烧开之后转小火，盖上锅盖焖煮 40 分钟到 1 个小时，直到排骨完全脱骨。

4. 勾芡

在鱼香类的热菜中，大部分时候需要勾芡，利用芡汁让调料和风味裹住食材。所以在排骨烧到差不多脱骨的时候，就要转大火收一收汤汁。

勾芡的时候汤汁不宜多也不宜少，汤汁太多则芡汁浓度不对，汤汁太少则勾芡之后容易变得僵硬死板。我会在汤汁剩下锅底 1 厘米左右深的时候，转成小火，均匀地把水淀粉少量多次慢慢淋入。

每次淋入水淀粉之后都要迅速搅拌食材，让水淀粉裹得均匀。火力不宜大，否则容易煳锅。在少量多次淋入水淀粉之后，汤汁达到合适的浓稠度就要撒上葱花马上出锅，避免过度加热让汤汁收得太浓。

成品的汤汁边缘有既红又亮的一点点油，效果是最好的。

豆瓣鱼香风味

鱼香风味的组合来自盐、酱油（咸味）、姜、蒜、泡椒、少量糖、醋和葱，豆瓣鱼香风味顾名思义就是豆瓣风味加上鱼香风味。

因为豆瓣酱本身咸度比较高的关系，要注意减少本身来自鱼香风味的咸度。叠加豆瓣酱的好处一是给菜肴增色，二是再增加一层复合型的风味。鱼香风味中的泡椒有鲜辣爽口的感觉，和豆瓣酱的沉稳醇厚可以互补。

制作豆瓣鱼香风味菜肴时，容易做不到位的一步是“炒红油”。和蚂蚁上树中炒豆瓣酱的要点一样，只有在把豆瓣酱炒红、炒亮、炒透之后再加入鱼香风味的调料，颜色和风味才会更好。

百香果烧排骨

原 料

① 肋排约 1 斤，剁成小块；

② 百香果 2~4 个；

③ 冰糖约 10 颗；

④ 老姜 3~4 片，八角 1 颗，桂皮 1 小块；

⑤ 陈醋 1 瓷勺；

⑥ 盐 1 茶匙。

步 骤

1. 煎排骨

肋排冲洗干净之后尽量用厨房纸巾擦干、吸干水分。只有在尽量吸干食材表面水分之后，煎制时才不容易溅油，也更容易煎、炸出漂亮的焦黄色。

在铸铁锅里放入约 1 瓷勺油（刚刚好滋润锅底，但没有多余的油量）烧热之后，把排骨两面都煎上色，同时煎出排骨多余的油脂。

排骨两面都略微变色就可以开始下一步，不需要把排骨完全煎焦。一来后面还有加热的过程，排骨会持续受热；二来如果煎得非常焦，排骨的口感会变得有点干硬，反而不好吃了。

2. 炒糖色

煎香了的排骨拨到一边，放入八角、桂皮、姜片一起炒香。

再把香料拨到一边，放入冰糖。

加热一会儿之后冰糖的质地变脆了，此时用锅铲敲碎，让它更快地融成糖浆。

TIPS

炒糖色确实是一个不容易做好的步骤，我会在炒糖色的时候特别注意这么几点：

- 热锅热油放入冰糖，大火不断翻炒，让冰糖融化之后炒出漂亮的糖色。在炒糖色的过程中，要时不时地用锅铲把冰糖碾碎，同时不停翻炒避免糖色煳锅。
- 糖色炒成了之后不会特别甜，不用担心甜度。但糖色炒过头了容易发苦，如果对这一步完全没把握可以跳过。没有糖色的成品颜色光泽度差一点，但仍然是够味儿的。
- 如果对炒糖色的时长没有把握，可以先把锅里其他食材盛出来，免得火候把握不好把排骨烧焦了。
- 炒糖色是一个非常需要集中注意力的过程，这个过程中千万不要离开灶台，时刻注意观察锅里的状态，免得连锅带肉全部烧煳。

3. 烧排骨

糖色炒好之后，往锅里放入足够没过排骨分量的水、1 瓷勺陈醋、1 茶匙盐、1 个百香果的果肉，煮沸后盖上锅盖，再转小火煮 40 分钟左右。陈醋和香醋的主要区别是酿造方式和酸度，陈醋更耐热、也更酸，香醋的风味和颜色都比陈醋来得淡，不耐热，但会更香。作为糖醋风味的基底来说，必须要用陈醋。

百香果可能有内容物多少的差异，如果打开一个百香果发现籽和汁都过少的话，可以酌情多加一个。

把糖醋排骨里的香醋换成了百香果，就成了这道菜，说穿了真是一点都不新奇。两者都是酸味来源，百香果比香醋多了一丝果香，比柠檬或橙子又少了一丝白色内瓤带出来的苦味儿。而且百香果加热之后，香气和酸度丧失都不多。

煮到 35~40 分钟的时候，打开锅盖转大火，准备收汁。

TIPS

- 炖煮的时候太早放盐会不会导致肉煮不烂？那主要是牛肉才有这个问题，鸡、鸭、鱼、猪肉都没问题，是可以早点放盐入味的。
- 铸铁锅焖煮 40 分钟基本可以让排骨软烂脱骨，但如果用的是密封性比较差的锅子，到时间后可以试试口感，看看要不要再继续焖煮。

收汁到只剩一层底的时候，要密切关注火候，不要烧煳。同时把剩下的 1 个百香果果肉也加进去，裹匀后就可以出锅啦。酸甜适口不腻人，比普通的糖醋排骨还多出一分果香。

糖醋果香风味

糖醋果香风味是糖醋风味的延伸，这个风味一方面非常传统，另一方面又极其现代。除了醋之外，柠檬、百香果、橘子、柚子等，都是现代餐饮中对于酸味的延伸发挥。它们和醋一样都提供了酸味来源，却又比醋香来得轻盈，还多出一分果香。

我曾经吃过一道非常好吃的酸辣面，也是主厨根据传统酸辣面做法改良的。据说酸辣面更新过好几个版本，我吃到的第三个版本里，酸味来自山西老陈醋、意大利黑醋和柠檬的叠加，味道绝佳。这简直是家庭厨房最容易借鉴的思路不是吗？后来我就设计了一系列带果香的中餐菜谱，百香果烧排骨就是其中最受欢迎的一道，比起传统的糖醋排骨来说，更新颖也更符合现代人的口味。

除了百香果，其他带酸味的水果在入菜时还需要注意这么几点：柠檬、橘子、柚子等水果都有白色内瓤，这部分苦味明显。但这些水果的果皮也同样值得关注，用小刀、擦丝器或研磨器磨出一些未打蜡的皮屑入菜会有惊喜。用个头比较大的橘子、柚子来做容器也是一个很好的想法，但这种时候需要考虑放到容器里食材的“厚度”和风味，搭配合理的话也是一个很有趣的菜谱创作方向。

笋干烧腊肉

原 料

① 腊肉 100~150 克，选猪五花或后腿部位为佳，带不带皮都可以，带皮更好；

② 泡发的笋干 100~150 克，切片备用；

③ 适合久煮的豆制品或面制品，有孔洞状的更好，譬如油豆腐（豆腐泡）、脆皮豆腐、油面筋等，我用的是火锅店常见的千叶豆腐；

④ 老姜 4~5 片，大蒜 3~4 瓣；

⑤ 盐半茶匙，作为调整咸度备用；

⑥ 干豆豉 20~30 颗，烧菜前浸泡 5 分钟；

⑦ 青蒜 2 根，洗净切丝备用；

⑧ 除了这些材料，还可以根据个人口味加干辣椒、新鲜小米辣、老抽、蚝油等配料或调料。

步 骤

1. 处理食材

将腊肉、豆制品都切成片，腊肉不需要去皮。因为需要久煮，食材不要切得太薄。

大部分腊肉口味都偏咸，我一般会提前用清水小火煮上 20 分钟拔除多余的咸味。以前习惯把整块腊肉入锅煮，但感觉咸味拔除得不够均匀彻底，所以后来都把腊肉先切片再煮。切片再煮的腊肉，肥肉部分的口感也会变得更软糯。

2. 烧菜

中火烧热 2 瓷勺油，先把姜片、蒜瓣和提前浸泡 5 分钟的干豆豉一起入锅爆香。如果想加入干辣椒或鲜辣椒，也在这一步一起爆香。

先把腊肉入锅，炒到肥肉部分变得更透明。然后倒入豆腐片、笋片，加入食材一半高度的水，烧沸之后小火焖煮。在焖煮的过程里，要让腊肉最后的咸味也和其他食材达到平衡。

小火煮 10 分钟左右，尝一下咸淡是否需要调整，根据个人喜好加入蚝油或老抽上色提味，撒上青蒜就可以拌匀出锅了。

豆豉腊香风味

在选择腊肉的时候，我一般会观察皮的位置，主要看烟熏的黄色是否浓郁、是否深入。熏出的黄色范围越大，大部分情况下腊肉的香气越浓。因为现在多了很多工厂批量生产的腊肉，这个小窍门可以作为一个小参考。

腊香风味的主要应用可以参考“豆腐香肠烧鱼”菜谱，腊味和辣椒、豆豉、蒜香风味都可以叠加使用。

酸汤肉末豆腐

原　料

① 肉馅 150 克，我用的是 100 克牛肉馅和 50 克猪肉馅的组合；

- 和“万能肉末”一样的选材理由，猪肉馅有油脂香，牛肉馅肉味足，比单独用一种肉馅更好吃，如果偷懒只选一种的话，我觉得用牛肉馅更搭；

② 野山椒（泡小米椒）约 10 根，切末备用；

- 这个分量是比较辣的，一点辣都吃不了的可以酌情只放 1~2 根；
- 完全不放的话会只酸不辣，仍然是成立的，但少了很多风味；

③ 嫩豆腐或内酯豆腐 1 盒；

④ 味道比较足的番茄 250~300 克，去皮备用；

- 如果番茄的甜酸度都不够，吃起来没味儿，建议买一罐意大利产的去皮番茄罐头作为补充；
- 番茄罐头不是番茄酱或者番茄沙司，不能互相替代；

⑤ 陈醋 1 瓷勺，柠檬半个，用工具挤出柠檬汁备用；

⑥ 牛肉汤或者简易牛骨高汤 1 碗；

⑦ 老姜 1 小块，大蒜约 3 瓣，都切末备用；

⑧ 白胡椒粉 1 小撮，盐 1 瓷勺（1/3 用于肉馅，2/3 用于汤底）；

⑨ 香菜 1 小把，切末备用。

步 骤

1. 炒肉馅

取一只锅，不粘锅、汤锅都行，中火烧热 2 瓷勺油。小火先炒香猪肉馅，把猪肉馅里的油脂炒出来，再放入牛肉馅，一起炒到肉馅全部发白。

炒的过程中尽量把肉馅铲开，然后加入白胡椒粉和原料中 1/3 分量的盐炒匀，盛出来备用。

2. 炒菜煮汤

使用不粘锅的话无须洗锅，在锅里再加入 1 瓷勺油，把姜末、蒜末、野山椒末一起炒香。

加入去皮切块的番茄，也翻炒一下。

番茄是务必要去皮的，留在汤里影响口感。去皮的方式有两种：用软质削皮刀直接削皮，或者在番茄顶端划一个“十”字口，在沸水里烫一下之后撕掉番茄皮。番茄也是务必要用油炒一下的，这样汤色才有那种赤色带橙、还略有点油亮的感觉。如果用的番茄品质普通，酸甜度不够，可以在这一步里加入番茄罐头一起炒。

番茄翻炒 1~2 分钟之后，加入简易牛骨高汤、炒过的肉馅和原料中另外 2/3 分量的盐一起烧沸，尝尝咸淡刚好之后，转小火煮上 5 分钟。让番茄味儿融到汤里，作为整个酸汤的基底。这个时候尝一口，已经有了又酸又辣的风味。

但还不够！再加入 1 瓷勺陈醋，让这个酸味能够下沉，保证酸得够劲儿。

取嫩豆腐片成大片的豆花。

放入锅里煮上 2 分钟，让豆花入味儿。关火，加入柠檬汁，撒香菜末，让最后一味酸味来源酸得轻扬。

成品是这样的，细细碎碎，滋味都进到了每一滴汤和每一片豆腐里。辣味来自野山椒，再次强调，不太吃辣的可以只放 1~2 根，但吃辣的按 10 根来放吧，绝对够爽。

酸味的来源有三：番茄、陈醋和柠檬。陈醋的酸在底部，番茄的酸在中部，柠檬的酸在天上飘，还带了些果香。你说用香醋代替柠檬行不行？当然也行，但如果做过百香果烧排骨菜谱，大概也会对百香果在糖醋味型里的作用有惊艳的感受。

真的，震撼级的开胃下饭。

酸菜豆花大片牛肉

原 料

① 牛腩 1 块，约 350 克；

② 炖牛腩的香料：八角 1 颗，桂皮 1 小块，老姜 1 块（切片），香叶 1 片，花椒约 10 颗；

③ 内酯豆腐 1 盒；

④ 包菜（卷心菜、圆白菜、莲花白）约 1/4 棵，也可以搭配其他素菜；

⑤ 酸菜：泡青菜（做酸菜鱼的那种）约 200 克，泡酸萝卜约 50 克，野山椒（泡小米椒）7~8 根；

- 野山椒（泡小米椒）买的是超市玻璃罐装，完全吃不了辣的可以放 1~2 根提提味儿，因为汤的分量多，辣味会很淡，嗜辣的可以再加量；

⑥ 香菜 2~3 根，忌口的可以换成小葱；

⑦ 盐 1 茶匙；

⑧ 大蒜 4 瓣（切片），老姜 1 块。

步 骤

1. 处理牛腩

牛腩最好选筋膜一层一层比较清晰的整块儿，不要切小，冲洗干净后用厨房纸巾充分吸干表面的水分。

不粘锅中火烧热 1 瓷勺油，把牛腩的几个面都煎成好看的焦黄色。

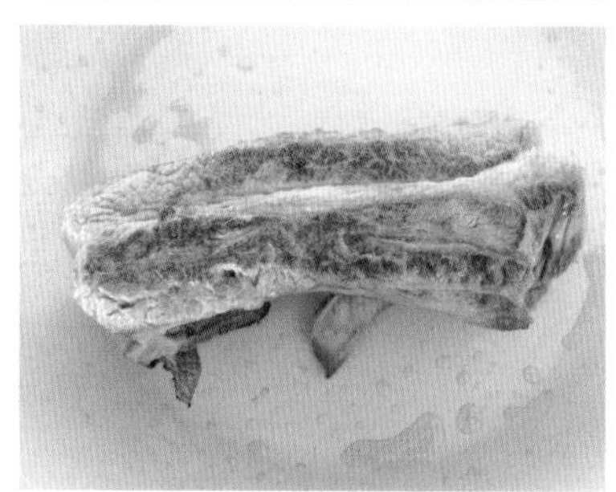

加上足够没过牛腩的水和炖牛腩的香料，在高压锅“上汽”之后转小火煮 18~25 分钟。如果没有高压锅的话，需要用汤锅炖煮一个半小时左右，直到牛腩完全软烂。炖牛腩的汤留着备用。

我喜欢把牛腩先炖后切，这样能让肉质充分舒展开，牛腩入口更松软。

TIPS

炖好的牛腩如果有这么几个问题，可以对症下药：

- 肉煮散了：有可能是高压锅压太久了，需要根据自家高压锅的压强缩短时间。
- 肉太塞牙，肉不管有没有煮散都觉得“柴”：大概率是部位选得不好，瘦肉太多，筋膜太少。即使延长炖煮时间，改善也比较有限，仍然需要从买原料的根本问题改进。小概率是煮的时间不够，牛腩要足够软烂，根据高压锅性能不同，基本上需要压 18~25 分钟，或汤锅一个半小时以上。
- 不入味：牛腩不适合太早调味，否则肉质容易发硬，在后面的烹饪阶段里把味道调准就行。
- 买不到整块的牛腩，只能买到切好的牛腩块怎么办？不是说完全不能用，主要是口感没有整块煮出来的舒展。

2. 切酸菜

趁着煮牛腩的时候，把泡青菜切好备用。这个方法煮出来的酸菜不酸不咸非常好吃，抱着不要浪费的心态把大片的叶子切成合适的宽度，免得太大片了卡嗓子。

厚实的梗要斜着切，稍微片得薄一点。剖菜梗和切菜叶的目的都是一样，让泡青菜的厚薄趋于一致，出味儿也更均匀。

切好的各种配菜从左到右、从上到下分别为：宽度、厚度都比较一致的泡青菜；去蒂切成段的野山椒；要扔掉的蒜瓣蒂、菜蒂和野山椒蒂；切成薄片的泡酸萝卜；姜片；蒜片。

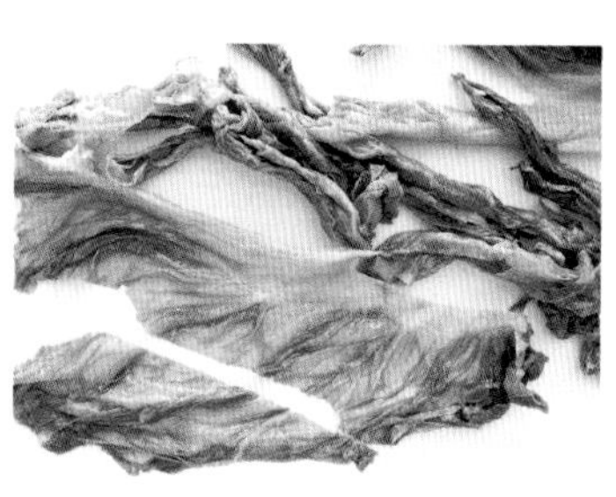

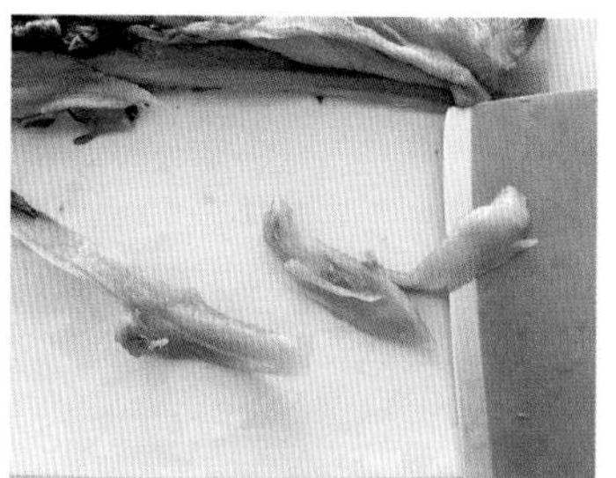

3. 煮酸菜

这道菜的关键步骤就在这里。想必很多人和我一样，但凡用到泡菜、酸菜、咸菜的菜式，总觉得它们又咸又酸，稍微多放一点味道就重了，可放少了又不是那么回事儿。

我从前的处理思路是把泡菜、酸菜、咸菜一律冲水或浸泡处理，利用水分带走多余的酸咸度，再烹饪的时候就比较容易达到味道平衡。后来赵师傅教了我一个更好的办法：先用中火烧热 2 瓷勺油，把姜片、蒜片、泡青菜、泡酸萝卜、野山椒一起炒香。这个时候会闻到酸菜特有的发酵香气，有点儿呛，会有点儿想打喷嚏！是好事儿！

倒入刚刚炖牛腩的汤——这就是现成的简易高汤了。分量要足够没过所有的菜，再高出 3 厘米左右，给后面加入的其他食材留点余地。煮沸之后关火，让所有的酸菜在牛腩汤里浸泡 10 分钟左右。浸泡的步骤非常关键，各种酸菜的酸味和咸味可以统统进入高汤，这个底汤的味道就会非常足。而且也能达到风味的平衡，不会过酸过咸。

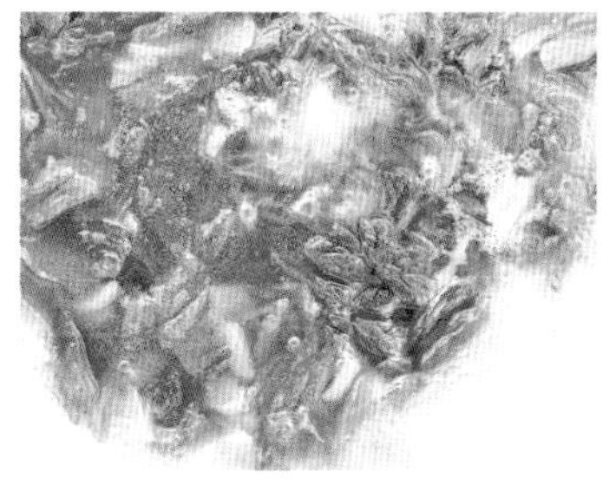

4. 泡豆腐

备上另外一小锅牛腩汤，加半茶匙盐（原料分量外）煮沸。把内酯豆腐片成大片，在汤里浸泡 5 分钟左右。无须开火，借着热乎的有咸度的牛腩汤，让豆腐本身入入味。也就是说，刚刚炖牛腩的汤分成了两个部分，比例大约是 3：1。一大半用来煮酸菜汤底，另外一点点用来泡豆腐。

5. 切肉

煮好的牛腩切成大片儿，厚一点也没关系。

6. 煮制

包菜洗净之后去梗，撕或切成大片。切片的牛腩和包菜先倒入浸泡着酸菜的锅，稍微加一点盐，煮开之后尝一尝咸度。因为酸菜已经有咸味了，加盐前后要尝一尝汤，以汤的咸度为准。浸泡后的各种酸菜咸度应该也会减轻，味道同样是刚刚好的状态。

再加入沥掉浸泡汤汁的豆腐，关火撒香菜就可以出锅了！

酸辣风味

酸辣几乎可以看作是最开胃的风味了，酸汤肉末豆腐和酸菜豆花大片牛肉都属于酸辣风味的菜肴。细数酸辣风味的来源和构成，可以分成很多种：

- 醋酸味：以醋为主要突出的调味方式（但不一定是用量最大的调料），陈醋沉稳厚重，香醋轻盈而香气更足，米醋风味柔和、颜色更浅。
- 发酵酸味：各种酸菜如泡青菜、泡白菜、泡萝卜等，如果选用的是泡辣椒或野山椒，还可以同时兼顾酸味与辣味的来源。譬如酸汤肉末豆腐里，野山椒本身就体现出了酸辣风味。有些地区发酵过的番茄酱，如果用到这道菜里也很会很出彩。
- 果酸味：柠檬、柑橘、百香果等食材都带酸味，在酸汤肉末豆腐里，用来体现果香这一层的是柠檬汁。
- 鲜辣味：以新鲜青辣椒、红辣椒、小米椒等种类为主，还可以根据辣椒的熟度不同区分出生的鲜辣味和熟的鲜辣味，也适合搭配不同的菜肴。譬如新鲜小米椒切好之后不经过烹饪直接使用，辣度非常直接刺激，就是很直白的生鲜辣味。
- 干辣味：以干辣椒为主。虽然没有固定的公式，但我自己会很习惯将干辣椒和干花椒或其他干制香料进行搭配。
- 发酵辣味：如泡辣椒、剁辣椒、黄灯笼辣椒等。餐饮行业中还有一些常用的辣椒酱，譬如我知道很多湘菜馆就爱用一种叫“辣妹子酱”的质地非常细、辣度非常高的酱料。辣度高的黄灯笼辣椒或辣妹子酱等，也很适合嗜辣人士叠加其他辣味一起使用。

在酸汤肉末豆腐里，主要体现了多层次的酸味来源。而在酸菜豆花大片牛肉里，主要强调了不同种类的泡菜（酸菜）的风味。虽然都是酸辣，但侧重点和效果完全不同，可以对比体会。

孜然麻辣牛肉

原 料

① 牛腱子半块，250~350 克；

② 盐 1 茶匙，老抽 1 瓷勺；

③ 干辣椒 1 小碗，大致切碎；花椒 20~30 颗，这两种材料的分量都可以根据自己的口味和干辣椒本身的辣度来调整；

④ 老姜 1 块，切片备用；大蒜 4~5 瓣，拍碎；

⑤ 白砂糖半茶匙；

⑥ 孜然 1 茶匙；

⑦ 香菜 1 大把。

步 骤

1. 切肉

牛肉不管如何烹饪，切法和腌制步骤都比猪肉和鸡肉要麻烦一些。在选购的时候尽量买牛前腱，内部的筋膜更多，口感更好。刀子磨快一点，先把牛腱子表面的一层白色膜剔掉，然后垂直牛肉的纹路，将牛腱子切成厚度大约为 3~4 毫米的肉片。

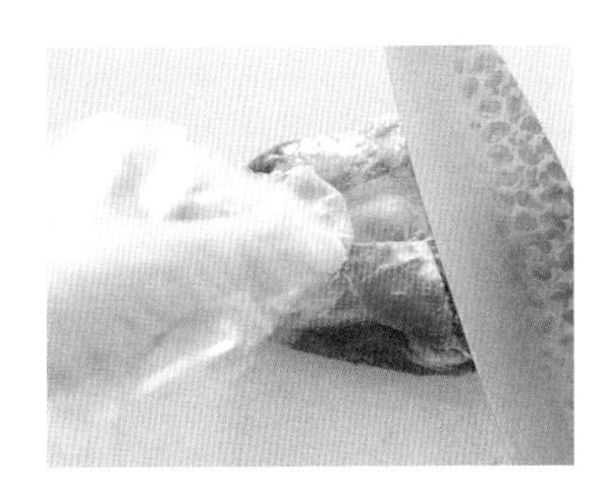

2. 腌肉

用 1 茶匙盐和 1 瓷勺老抽，把牛肉片抓匀，腌上半个小时到 1 个小时备用。因为待会儿牛肉要直接入锅炸，食材更适合在烹饪前“码味”，入味效果更好。

3. 炸肉

炒锅里放能够没过所有牛肉的油量，烧热到手掌放到炒锅上方能够感觉到明显的热度，但还没有冒烟的程度。倒入所有的牛肉片，用筷子轻轻拨散，转中火慢慢炸 5 分钟。

这 5 分钟可以让牛肉片里多余的水分慢慢被炸出来，但是因为油温和火力都不算特别高，牛肉不会被炸得太干。炸了 5 分钟之后的牛肉片，放到笊篱里面沥掉多余的油分。

不需要担心牛肉太过油腻，牛肉本身吃油的程度有限，吃起来不会太油。不过炸过牛肉的油里有很多牛肉析出来的血水和酱汁，所以无法重复利用。

炸牛肉的同时，把香菜切成比大拇指略短的段，香菜根单独留用。

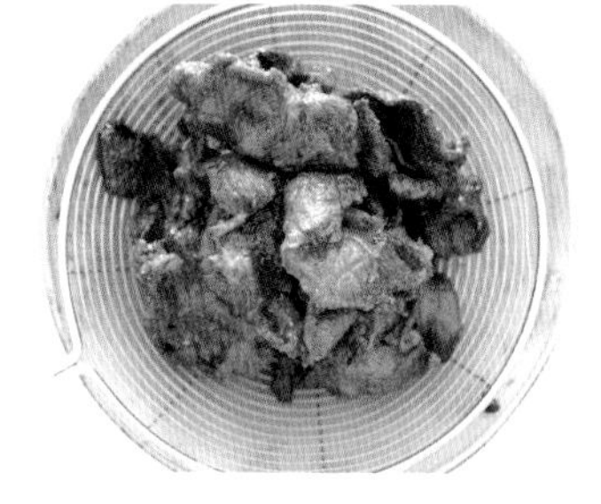

4. 焖牛肉

炒锅洗干净，重新倒入大概 2 瓷勺的油，烧热之后转小火，把姜片、蒜瓣、香菜根、花椒粒和干辣椒段炒出香味。花椒粒和干辣椒段容易煳，可以在入锅前用凉水冲一下并沥干，增加表面的湿度，这样锅里的所有香料火候就更容易达到一致。

倒入炸好的牛肉片和正好没过牛肉片分量的水，加入白砂糖，中火慢慢焖。这一步是为了把牛肉片再焖煮得软一点，免得费牙口，也可以根据个人喜好再调整咸度。

焖上 10~15 分钟，汤汁完全收干之后，关火撒入孜然粒和香菜段拌匀就可以出锅了。香菜不适合加热时间太久，不然蔫得厉害。所以先关火再放，利用余温拌炒一下就好了。

非常软烂入味，冷食、热食都可以。

孜然麻辣风味

可能有老读者会发现，这篇菜谱和我第二本书《日日之食》中“麻辣牛肉”的做法几乎一样。三年过去，对于味型这件事有了更深的理解，这道菜就可以体现出一二。

从前做这道菜会固定想到麻辣风味，但这次除了孜然之外，也把香菜根利用上了。在油里炒香香菜根后再焖煮，会把香菜特殊的风味放大好几倍。而孜然本身是和辣椒、花椒非常搭配的食材，所以这样的叠加也不会显得突兀。除了辣椒、花椒、香菜之外，孜然还很适合和芹菜、洋葱、白胡椒一起搭配。

孜然有亲油性，碰到油脂才能产生更浓郁的香气。所以孜然更适合油脂丰富的炒、炸、煎、烤等做法，而不适合水煮的汤菜。

宫保鸡丁

原 料

① 鸡腿（手枪腿）1 只；

② 腌制鸡腿的调料：白胡椒粉 1/3 茶匙，陈酿料酒大半瓷勺，生抽 1 瓷勺；如果对使用水淀粉腌制的方法没有太大把握，也可以把生抽减为半瓷勺；

③ 大葱 1 根，主要取用葱白的部分；

④ 生花生米 1 大把；

⑤ 剪成段的干辣椒 1 碗，我用了大约 4 根干二荆条；

⑥ 花椒约 20 颗；

⑦ 调制料汁的调料：白砂糖 2 瓷勺，米醋 1 瓷勺，陈醋 1 瓷勺，陈酿料酒 1 瓷勺；

⑧ 干淀粉 1 瓷勺，一半用于腌制鸡肉，一半用于勾芡。分别按合适的比例兑清水备用，腌肉和勾芡的水淀粉比例在书开头的“食材和调料”部分有非常详细的说明。

步 骤

1. 炸花生米

我试过几种炸花生米的方法，有两种方法是我觉得比较好用的。一种是将生花生米提前浸泡一晚，然后放入温热的油锅小火慢炸。另外一种是将生花生米直接放入冷油锅中，小火慢慢炸。两种方法炸出来的花生米区别不大，都得注意观察花生米的颜色，在接近想要的颜色时就关火捞出，放到盘子上放凉备用。

这两种方法的原理是要么增加花生米的含水量，要么降低油温，力图使花生米内外的火候更接近，不至于外面煳了里面还没炸透。不管用哪种方法，炸花生米的油量都不能太少，否则油温上升太快，同样达不到理想的效果。一次可以多炸一些花生米，冷却之后密封冷藏存放，炸过花生米的油也可以用来炒菜。

炸花生米应当作为宫保鸡丁的第一步来处理，因为花生米只有在放凉了之后才脆，所以在炸好花生米之后再继续其他的准备工作。

2. 腌制鸡肉

将鸡腿肉去骨去皮，切成指甲盖大小的丁，然后加入白胡椒粉、生抽、陈酿料酒和水淀粉，一起抓匀。鸡肉很容易入味，可以腌制之后随时使用，不需要放置很长时间。

在腌料中，生抽的作用主要是给鸡丁上少许颜色，同时增鲜。最后的效果以没有多余的液体向外渗出，也不会有肉眼可见的糊状为佳。

将大葱切成丁备用，将干辣椒段和花椒分别冲一下凉水，沥干备用。

3. 调料汁

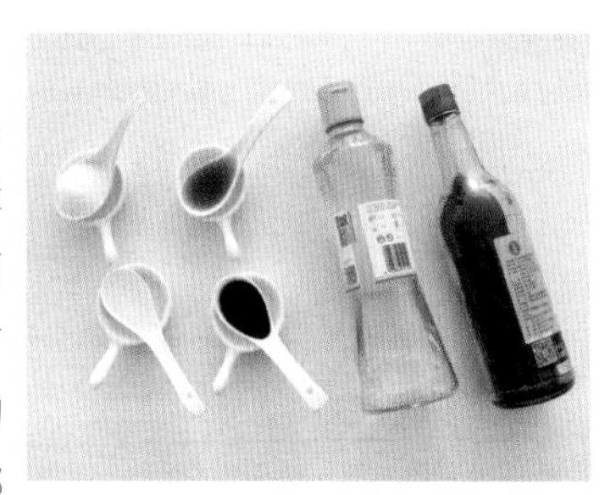

将2瓷勺白砂糖、1瓷勺米醋、1瓷勺陈醋、1瓷勺陈酿料酒和适量水淀粉兑到一起。这个调料的标准有二：首先糖不要减量，糖够了鸡肉才能炒出发亮的感觉；其次注意所有的液体调料要刚刚好没过固体的糖的部分，这个比例就比较合适。糖和醋都不能少，否则香气和味型都容易出不来。

4. 炒菜

和“煳辣小油菜”中的步骤相同，在炒锅里放入 3 瓷勺油，在冷锅冷油的状态下，把用清水冲洗过并沥干的干辣椒段放进去小火慢慢炒到变成棕色、接近发黑、接近煳了的状态，再把也用清水冲洗过并沥干的花椒放进去小火炒香。

将干辣椒和花椒拨到一边，此时的油温已经比较热了。把腌好的鸡丁倒入锅里，油量要稍微没过鸡丁为佳。鸡丁入锅之后暂时不要动它，关火，利用油温的余热让鸡丁稍微定型，挂在鸡丁上的淀粉不至于脱落。

半分钟后转大火，把鸡丁滑散。翻炒半分钟后加入大葱丁，一起继续翻炒到鸡肉完全熟透。

保持大火，将步骤 3 调好的调料汁顺着锅边淋入，快速炒匀。注意淋入之前要搅动均匀，不要让白砂糖和淀粉沉底。在勾芡完成之后，关火，最后撒入已经放凉的炸花生米。花生米在勾芡之后加入，是为了最大限度地保持脆度。

出锅。

我同时想比较另外一个版本的宫保鸡丁。

这两盘宫保鸡丁最明显的差异在于：上面一盘的色泽更红亮。从鸡丁到大葱丁，都有更漂亮的光泽度。实际上无论鸡丁的腌制方式、用油量、制作步骤，这两盘都是差不多的。唯一的区别在于白砂糖和醋的分量，下面这一盘的糖分量减半了，所以“糖色”的效果就差了许多。

我能理解很多人看到调料中有糖就发怵，也能理解崇尚健康饮食的现代人想减糖的心理需求。无论如何，请先了解调料的作用和味型的准确性之后，再在烹饪过程中做出选择吧。

煳辣荔枝风味

如果要细细区分，由淡到浓可以把这类风味分成香辣小荔枝味、煳辣小荔枝味、香辣大荔枝味、煳辣大荔枝味。香辣即辣椒（多半是干辣椒）和花椒，荔枝指的是像荔枝一样的酸甜风味，大、小荔枝指的是酸甜风味的浓郁程度。

那荔枝风味和普通的酸甜糖醋风味（比如糖醋排骨）又有什么区别呢？就我制作和吃过的菜肴来看，糖醋风味中的甜度更抢镜，甚至觉得咸度都容易被甜度压过了。而在荔枝风味里面，似乎酸是多过于甜的，荔枝风味的菜比糖醋风味的菜更不容易觉得腻口。

不过我曾经在一顿饭里同时吃到了 2~3 道荔枝风味的菜肴，虽然也有大荔枝、小荔枝风味之分，但类似的味道在一席菜单中接近的顺序里吃到，舌头的反应都变钝了，是很不好的体验。

事实上我甚至觉得这道宫保鸡丁有可能是全书最难把握的一道菜了，要炒得火候到位、味型精准，可能需要多试几次才行。

黑胡椒鸡爪

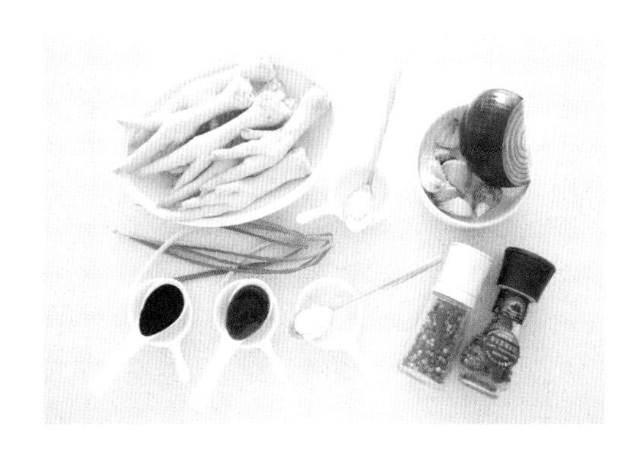

原 料

①鸡爪 10~12 个，也可以自行增加，调料按比例增加就好；

②紫洋葱 1/3 个到半个，切片备用；

③老姜 1 小块，切片备用；大蒜 6~7 瓣，拍碎备用；

④盐半茶匙，白砂糖半茶匙；

⑤蚝油 1 瓷勺，老抽半瓷勺到 1 瓷勺，视不同品牌的老抽颜色深浅调整；

⑥现磨黑胡椒；

⑦小葱 2~3 根，切葱花。

步 骤

1. 蒸鸡爪

把鸡爪洗净之后处理好，放入沸腾的蒸锅转小火蒸半小时，用蒸箱的话是 100℃蒸半小时。

各地菜市场卖的鸡爪不大一样，有些是连着一根大骨头，有些只有前面的小鸡爪；有些摊贩会利索地帮忙剁掉趾甲，有些摊贩粗糙得懒得管。我的建议：鸡爪大小无所谓，但如果摊贩帮忙剁趾甲或者把鸡爪剁开的话当然更好，能省点事儿。

如果摊贩什么都不处理，那就像我一样，仅仅清洗鸡爪之后蒸熟，然后先把蒸熟的鸡爪剪掉趾甲，再把鸡爪部分剪开成两瓣，最后把大骨头靠近鸡腿部分鼓起来的筋也剪下来，那个也可以吃。

蒸半个小时后的鸡爪，口感介于完全脱骨和脆口之间，还算比较软烂。但如果想达到嘬一下就吸入整个鸡爪肉的效果，蒸鸡爪的时间要延长到 1 小时左右，或者直接使用高压锅蒸 20 分钟。

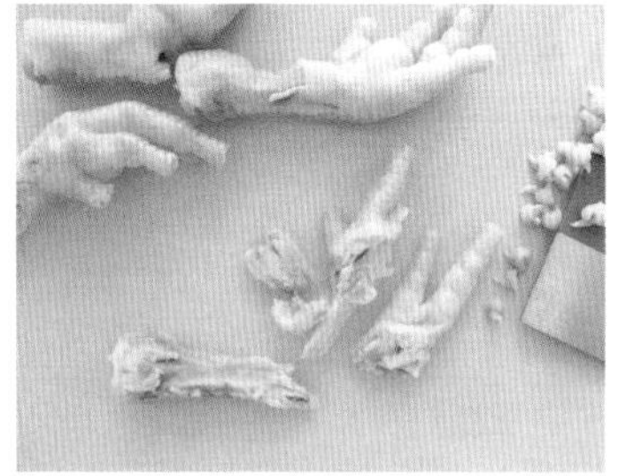

2. 炒鸡爪

不粘锅里放入约1瓷勺油，中火烧热之后炒香洋葱片、蒜瓣和姜片。鸡爪胶质丰富，这道菜用不粘锅来炒能更好地避免粘锅。

把蒸好、切好的鸡爪也入锅，用筷子稍微拨散一下。实在拨不开也不要紧，火别太大，锅别太热，避免鸡爪烧焦粘锅。

加入所有的调料，包括盐、糖、蚝油、老抽和没过食材一半分量的水，大火煮沸之后转中小火，盖上锅盖焖煮 5 分钟左右。

3. 收汁

这是整个菜谱步骤中最关键的一步。打开锅盖转大火收汁，注意，当汁水都以泡沫状态来覆盖锅底的时候，就要密切留意不要烧煳，到图片上这个状态就可以关火了。

关火后再撒葱花，拧上 3~4 下现磨的黑胡椒就可以出锅了。

出锅后的黑胡椒鸡爪，有九成九的可能是你没吃过的调味。试试看，感受软糯的鸡爪上那一点点黑胡椒的锐度，所有的甜咸都为这一点锐度铺垫，非常好。

黑胡椒风味

黑胡椒风味属于外来风味，仍然需要先明确一下黑白胡椒的区别：除了传统的搭配习惯——白胡椒偏中式、黑胡椒偏西式，它们的风味也不一样。白胡椒可去腥、增香和给菜肴增加辛辣的风味。辛辣这一点很特别，不同于辣椒辣在嘴里，白胡椒是辣到胃里，所以会有白胡椒“暖胃”的说法。而黑胡椒和白胡椒不同，主要作用是增香。如果研磨的黑胡椒颗粒较大，也会有明显的辣味，但是和白胡椒的辛辣还是不能比。也许某些菜里放黑胡椒或白胡椒都可以成立，但这并不意味着它们可以相互替代。

我曾经在日本吃过一道烤河豚白子（河豚的精囊），上面非常收敛地撒了一点点黑胡椒。白子口感绵密（没吃过的人可以想象一下脑花、鱼子之类的口感），炙烤出一点焦香之后，撒那么一点若有似无的黑胡椒，这道菜一下子就从软塌塌的口感里长出了锐度！非常喜欢。顺着这个思路，在胶质丰富的鸡爪上用一点点黑胡椒做了尝试，这样的黑胡椒风味在中式家常菜中就非常出彩了。

尖椒白菜炒鸡腿

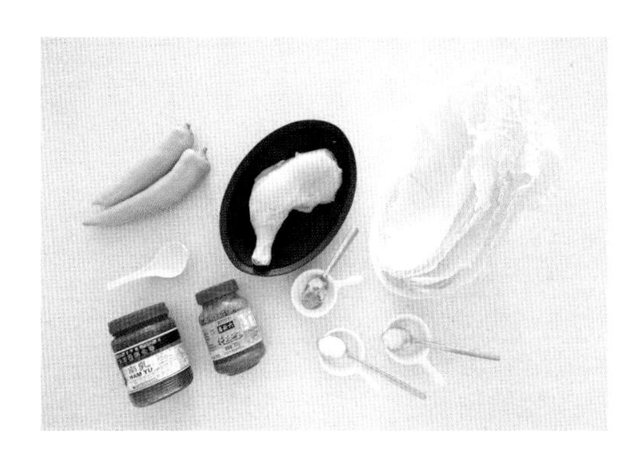

原 料

① 鸡腿（手枪腿）1 只；

② 尖椒 2 根，完全不吃辣的也可以省略；

③ 大白菜 7~8 片；

④ 白砂糖半茶匙，白胡椒粉 1/3 茶匙；

⑤ 芝麻酱 1/3 瓷勺，腐乳 1/3 瓷勺；

- 腐乳用红腐乳、白腐乳均可；
- 我会同时舀一点芝麻酱和浮在表面的芝麻油一起使用，增加香气和油分，如果没有芝麻酱也可以全用芝麻油（香油）代替；

⑥ 盐 1 茶匙，一半用于腌制，一半用于调味。

步 骤

1. 腌鸡肉

把鸡腿拆骨切成丝，加入白砂糖、腐乳、白胡椒粉、芝麻酱和半茶匙盐一起抓匀腌制。切鸡腿的时候先剖成薄片再切丝，就能把鸡腿肉切得细一点，不然难免变成粗粗的鸡肉条。至于是否去皮就看个人喜好，我觉得这道菜里都可以。

调料中的芝麻酱和腐乳质地都比较黏稠，要尽量用筷子拌匀或戴上一次性手套抓匀。

2. 切蔬菜

腌制鸡肉的同时，把白菜斜切成粗条。尽量每一刀都有梗有叶，让口感更均衡。

买颜色比较浅的尖椒，切丝的时候注意去蒂、去筋、去籽，把尾部的小尖尖剖开，这几个小操作都能有效减轻尖椒的辣度。

我认为使用辣椒的菜里，辣不应当是主要目的，香辣二字的结合才是。一点辣都不能吃的人，这道菜里也可以省略尖椒。

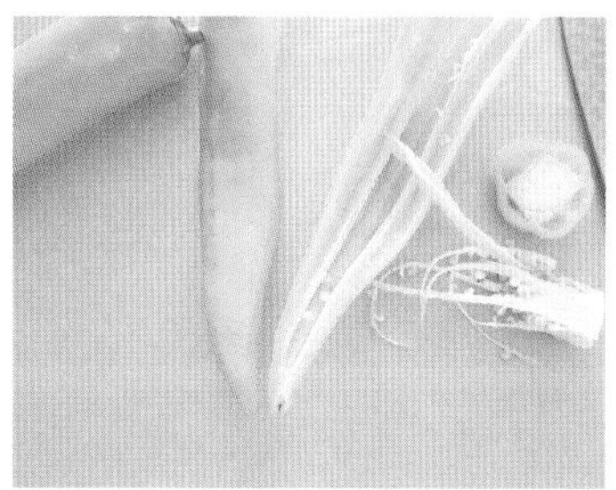

3. 炒菜

炒锅里放 2 瓷勺油，中火烧热之后先把鸡腿肉炒至颜色略发白的半熟状态，盛出备用。

锅里倒入尖椒丝，炒到略发蔫之后倒入白菜丝。注意因为尖椒和白菜出水都比较多，和“金桂银芽”中提到的窍门一样，炒容易出水的蔬菜时全程都要尽量保持大火。

加入剩下的半茶匙盐给配菜调味，再把半熟的鸡腿肉回锅，继续大火快炒半分钟就可以出锅了。

如果锅底还有一些白菜的汤汁，也不要傻乎乎地盛到碗里了，尽量让出品干爽一些。

麻酱腐乳风味

麻酱腐乳风味当然是麻酱风味的延伸（麻酱风味菜谱可以查看前面的“麻酱黄瓜”），更严格地说，因为腐乳风味味属咸鲜，我觉得麻酱腐乳风味是麻酱风味和咸鲜风味的综合。

腐乳有独特的发酵鲜味和香气，无论红、白腐乳，辣或不辣的腐乳，都可以作为提鲜的调料适当使用，特别适合和白胡椒、辣椒、姜、蒜、芝麻油（香油）等香料或调料搭配，蒸、煮、烤、烩、卤，很多菜里都可以加一点，是很有想象力的调料。

从前我腌肉大致都是用老抽或生抽作为基底，以酱油中的糖分来使食材的肉质更加细嫩，酱油自带豉香风味也会给菜品加分。用芝麻酱、腐乳、白砂糖和白胡椒粉来腌肉是从赵师傅那里学来的，感觉获得了另外一种渗透力更强的、更鲜美的味道！配菜的白菜也足够吸味儿，完全可以迎接如此刚柔并济的渗透压。原料简单，成品却出乎意料地好吃。

干贝苦瓜鸡丝汤

原 料

① 选颜色比较浅一点的苦瓜 1 根；

- 不喜欢苦瓜的也可以用丝瓜代替，其他食材不变；

② 鸡小胸 3 小条，也可以用 1 块鸡大胸代替，但鸡小胸更嫩；

③ 干贝约 10 颗，提前半小时用清水泡上，或直接浸泡过夜；

④ 鸡蛋 2 个；

⑤ 老姜 1 小块，大蒜 2 瓣，二者皆切片备用；

⑥ 盐 1 茶匙，白砂糖半茶匙，白胡椒粉 1 小撮。

步 骤

1. 蒸干贝

浸泡半小时左右的干贝，连同浸泡干贝的水一起放入沸水锅里小火蒸 20~30 分钟（蒸箱时间一样）。然后把蒸好的干贝用菜刀碾成细丝，蒸干贝的水切记要留用。如果碰到有图片里 12 点钟方向的黑色细线，摘除扔掉。

品质过关的干贝我不习惯加料酒蒸，觉得反而容易把干贝的鲜味盖掉；

这一步是全部步骤里最费时的一步，上班族可以提前一晚蒸好、不碾压，直接盖上保鲜膜冷藏第二天再用，非常方便。

2. 腌制鸡胸肉

把鸡胸肉先横向剖成薄薄的大片，然后切成细丝。切丝的时候注意，如果有图片中轴线位置那样的筋膜，最好切下来丢掉，以免影响口感。

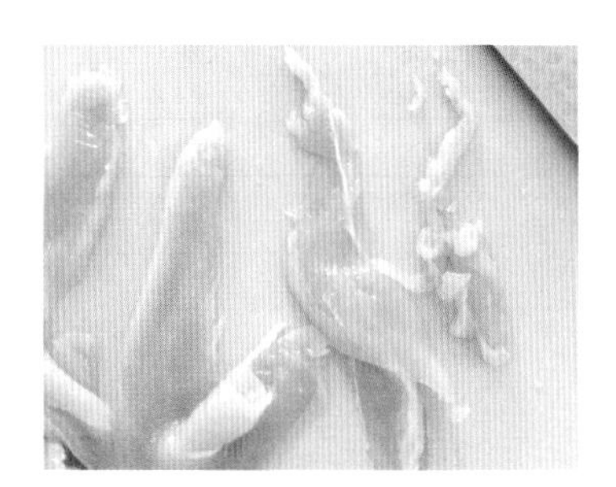

左边都是切掉的筋，这一部分容易影响口感。鸡肉切丝对于顺纹、逆纹不像牛肉那么讲究，但尽量把肉片薄一点、肉丝切细一点更好。

切好的鸡胸肉加入白胡椒粉和白砂糖，腌制一小会儿，冰箱冷藏过夜也没问题。

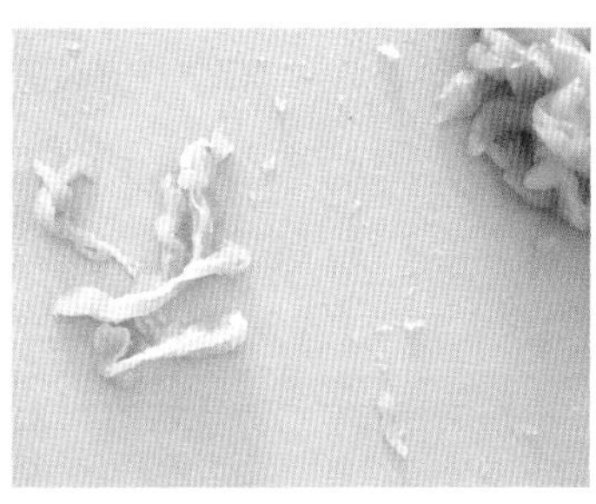

3. 处理苦瓜

苦瓜去蒂、剖开去内瓤，切成薄片。放到沸水锅中里焯烫半分钟后捞出来过凉水，沥干水备用。

TIPS

去除苦瓜的苦味有这么几个办法：

- 买苦瓜的时候，颜色浅一点的更嫩，颜色深的更老，老苦瓜一般会比嫩苦瓜更苦。
- 完全刮掉苦瓜的白瓤，也可以去掉很多苦味，这个做法在《日日之食》里的“咸蛋黄焗苦瓜”菜谱里提到过。
- 给苦瓜焯一下水，再过一下凉水也可以去掉一部分苦味。
- 用盐腌制苦瓜，等苦瓜出水后倒掉这些“苦水”。

我喜欢苦瓜的苦，但不想要它太苦。不管酸甜苦辣，平衡是最好的。

4. **煮汤**

锅里放入 2 瓷勺油，用中火炒香姜片、蒜片。

保持中火，把鸡胸肉丝入锅翻炒到发白，大约七八成熟的状态。

干贝丝、焯烫过的苦瓜丝也一起炒一下。

加入蒸发干贝的水，然后用清水补足到足够没过食材的分量，烧开之后加盐调味。

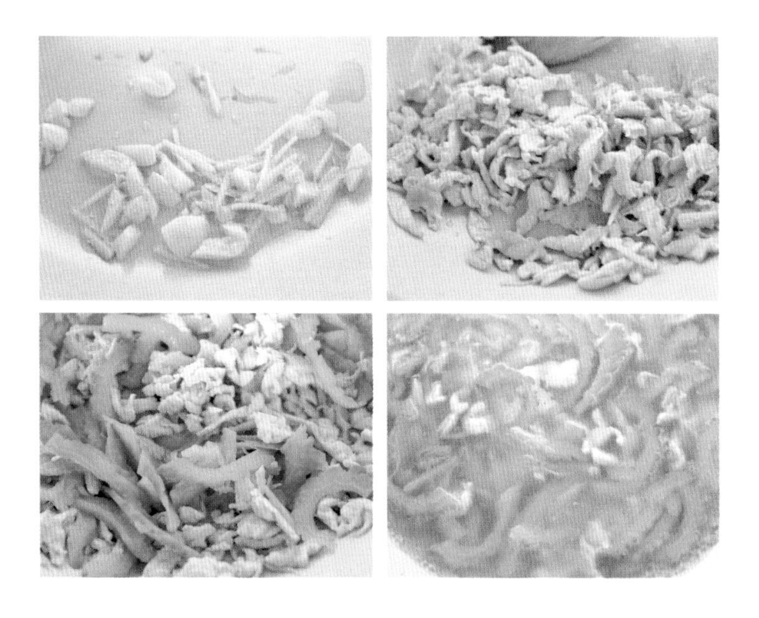

不用等很久，略煮 1~2 分钟之后就可以打入两个鸡蛋。

再次煮开，就可以出锅了！这样腌制的鸡丝不容易老，处理好的苦瓜不苦，汤水里还有干贝水这样的天然味精！是夏天最应季的好汤水。

苦鲜风味

如果没有苦瓜，这道菜当然可以划分到“咸鲜风味”里，但苦瓜实在是一个很特殊的存在。食材自然的苦味本来就不算突兀，我觉得苦味和咸鲜味是非常搭的。

和苦瓜一样自带清苦风味的食材，随意列举一下还有苦笋、莲子心、陈皮、某些坚果的皮、部分水果的白色内瓤、某些品种的杏仁、一些野菜等。如果是对苦味非常敏感的人，可能会认为儿菜、大头菜、芦笋、莴笋也带有一些苦味。

除了咸鲜风味之外，如果还想用苦味叠加其他的风味，如酸辣风味、豉香风味等也是可行的。

藤椒钵钵鸡

原料 1

① 土鸡 1 只；

- 不需要用年纪太大的老母鸡，选用一年左右的土鸡就够了，汤底的浓郁程度既不会太抢镜，又足够提味儿，油脂程度也合适；
- 如果觉得肉的分量太多，可以只用两只土鸡鸡腿，同时减少水量；
- 肉鸡不是说绝对不能用，但肉质相对会比较散一些，汤底的风味也会淡一些，使用肉鸡要注意缩短烹饪时间；
- 不爱吃鸡肉的，也可以用猪肚代替，我试过也非常好吃；

② 炖鸡汤的香料：老姜 1 块，八角 1 颗，桂皮 1 小块，香叶 2~3 片，白胡椒 6~7 颗，花椒约 10 颗。

原料 2：蔬菜和调料

① 藕 1 段，泡发的木耳 1 把，豇豆 1 小把，黄瓜 1 根；

- 所有素菜都可以根据自己喜好酌情增加或减少品种；
- 大部分适合拌凉菜的素菜都能放，譬如莴笋、腐竹等；

② 小葱 2~3 根，大蒜 3~4 瓣，两者切末备用；

③ 藤椒油或花椒油大约 1.5 瓷勺；

④ 辣椒油大约 1 瓷勺，可以参考本书开头部分的“制胜的三段式辣椒油”方法制作；

⑤ 白芝麻 1 大把；

⑥ 最下排的调料从左到右依次：盐 1 瓷勺（酌情使用），白胡椒粉 1 小撮，白砂糖 1 茶匙，老抽、生抽、香醋各 1 瓷勺，还可以额外加半瓷勺蚝油。

步 骤

1. 炖一锅鸡汤

整鸡去头、去内脏、去鸡屁股，焯水后放入所有炖鸡汤的香料，加入没过鸡肉的水，高压锅“上汽”之后转小火炖 20 分钟。

如果用铸铁锅、普通砂锅或汤锅，大约需要 1 个小时以上。每个人用的鸡肉质地和锅子的密封性不同，没法给出完全一致的烹饪时间，但判断的标准是鸡肉可以完全脱骨。因为这道菜既需要方便拆成丝的鸡肉，也需要鸡汤，这样操作最快捷。

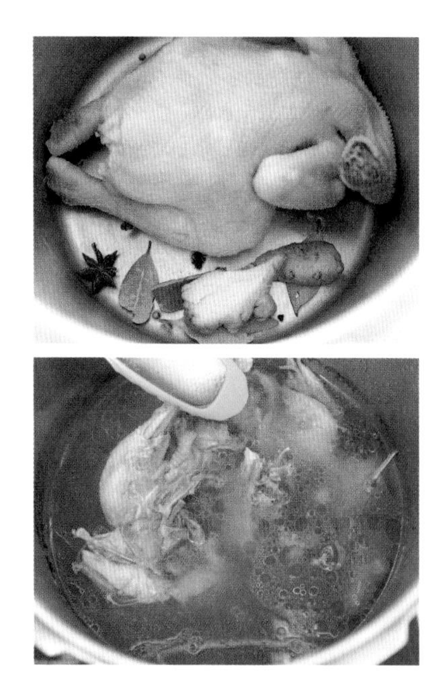

2. 处理食材

处理食材的准则：该去蒂的去蒂，都切成适口的大小，需熟食的素菜焯水，生食的素菜拍碎或切块后直接放到碗里。

焯豇豆时在水里加了一勺盐，还滴入了几滴油。

TIPS

- 藕片可生吃可熟吃，因为北方的藕大多不够清甜，我就索性也焯水了之后再吃。
- 豇豆、木耳都需要焯水，对于豇豆这样的绿色蔬菜，可以在焯水的时候滴几滴油方便“锁色”。
- 素菜焯水的时候要在锅里加一勺盐，让蔬菜稍微入入味儿。所有的素菜也都可以在焯烫之后过一下凉水或冰水。

3. 给鸡汤调味

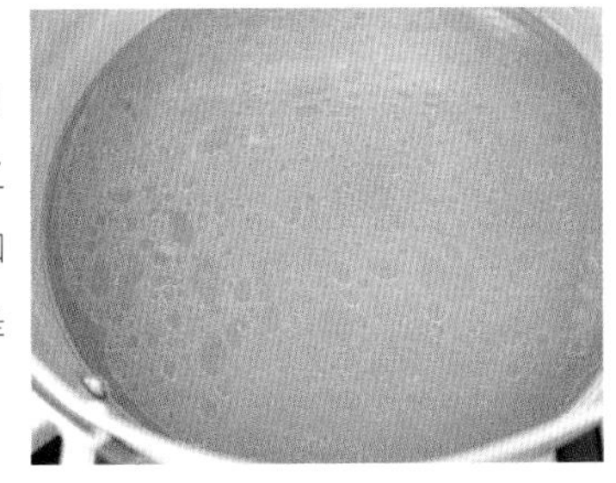

刚刚炖的鸡汤盛出来，加大约1瓷勺盐和1茶匙白砂糖，一起煮开之后关火。尝尝汤底的咸度，咸了就加汤、淡了就加盐，鸡汤的咸度最好是刚刚合适的。

4. 码食材

素菜打底。

加入老抽、生抽、香醋、蚝油（蚝油为可选项，有的话更好）、白胡椒粉。此时鸡汤的咸度刚好，生抽和蚝油提供的额外咸度是加给现在调味偏淡的素菜的。

鸡肉拆出自己想吃的分量，也码上。

淋入调好味儿的鸡汤。

最后把白芝麻用小火焙到金黄色，闻上去喷香，和藤椒油、辣椒油、蒜末、小葱一起撒上。我建议藤椒油多放一点，辣椒油根据自己吃辣的程度来放就可以了。

当天炖了一整只土鸡，一大碗钵钵鸡吃得差不多之后还意犹未尽。我就又把剩下的土鸡拆一拆往碗里加，感觉和涮火锅似的非常方便。但注意，后面再加食材的时候汤底的味道可能会有些偏淡了，建议每种调料再稍微续一点点比较好。

同样的办法也做了藤椒钵钵猪肚（见右下图），处理猪肚的方法可以参考“泡椒蒜子烧猪肚”菜谱，味道同样浓郁好吃。

藤椒风味

藤椒风味和青、红两种花椒风味有什么区别？这恐怕是最多人会问到的问题。同样带有麻味，但藤椒和青花椒比红花椒的麻味要来得清新；而从外表看同样是青色的花椒属果实颗粒，藤椒比青花椒的香气要来得悠扬，青花椒容易带有一些苦味的尾巴，但藤椒会好一些。

藤椒、青花椒、红花椒在使用上都有类似的问题，就是香气容易流失，所以要避免过度加热。

无论是花椒（应用在麻辣、椒盐之类的风味中）还是藤椒，在用的时候都应该强调香气和适度的麻感，这样才能达到既开胃又爽口，又不至于让舌头和味觉都变得麻木的效果。

在微信公众号发布“藤椒钵钵鸡”菜谱之后，我收到了几个很有趣的反馈。有一位读者提出，因为当天忘记买小葱，就用冰箱里的葱油代替小葱。结果因为葱油的香气非常沉重，和藤椒的轻扬香气没有融合到一起，反而有些画蛇添足。而另外一位读者因为懒得炸辣椒油，就用“老干妈”豆豉辣椒调料代替了芝麻和红油，同样因为老干妈的豆豉风味太过霸道，直接影响了藤椒香气的发挥。

藤椒风味是悠扬的，也是轻盈的。如果要选可以和它并存的调料，我觉得红油比较合适，其他太霸道的调料就得谨慎使用了。这也证明了不是所有的调料或风味都可以无限叠加，叠加使用的时候必须注意主次。

鲍鱼烧土鸡

原 料

① 土鸡 1 只，约 1 250 克，剁成小块；

② 新鲜小鲍鱼 8~10 只，去壳备用；

③ 老姜 1 块，拍碎备用；小葱 1 把，取葱白；

④ 青蒜 2~3 根，切段备用；

⑤ 陈年花雕酒或高度白酒约 2 瓷勺，不建议使用料酒；

⑥ 生抽 1 瓷勺，蚝油 1 瓷勺；

⑦ 老抽半瓷勺；

⑧ 盐、白砂糖各 1 茶匙。

步 骤

1. 炒鸡块

炒锅里放入约 2 瓷勺油，中火烧热之后把拍碎的老姜和洗净晾干的小葱爆香。注意小葱容易积水，要晾干或吸干水分之后再入锅，才不容易溅油。

把老姜和小葱拨开到一边，把洗净后用厨房纸巾充分吸干水分的鸡块倒入锅里，转大火爆炒到鸡块变色。

2. 调味

炒香的鸡块里放入蚝油、生抽、老抽、白砂糖和盐，也就是把所有的调料都一起放进去。注意此时一定是大火，然后把 2 瓷勺花雕酒顺着锅边淋进去，激出酒香。

所谓的“顺着锅边淋进去”，就是不要把花雕酒直接砸到鸡块上，而是让酒尽可能地接触滚烫的锅壁，变得香喷喷地再流向锅底，香气明显会更浓郁。

在用到的调料里，蚝油、生抽、老抽、白砂糖和盐的比例基本上是 2：2：1：1：1。我稍微称了一下重量，瓷勺中的蚝油、生抽为 10 克左右，而负责上色的老抽大约是它们的一半，茶匙中的白砂糖和盐也差不多各为 5 克。当然不需要如此精确，但大致是这样的比例。

3. 炖鸡块

往炒锅里加入大约刚刚好没过食材的清水，一起烧开之后把炒锅里的所有东西转入高压锅，大火煮到高压锅“上汽”之后转小火煮 15~20 分钟。

各家高压锅压力不同，最后小火煮的时间可能也会不同。如果没有高压锅也不要紧，密封效果比较好的铸铁锅、砂锅炖上 1~2 个小时也差不多能达到这个效果。具体的炖煮时间要根据锅的密封性和鸡肉的紧实度来决定，判断的标准应当是煮好之后的土鸡块儿肉质软烂、骨头有些酥了，但最好形状还在。

趁着煮鸡肉的时候，把鲍鱼去壳，用小牙刷刷干净。

鸡肉炖好之后夹一块尝一尝，咸度对了，保留的鸡皮胶质也全都炖出来了，汤汁略粘嘴。

4. 加鲍鱼

把高压锅里的鸡肉连汤带料转移到一个汤锅里，再次烧沸，转中火准备开始收汁。收到汤汁的高度降低到鸡肉块的 2/3 左右时，放入清洗好的小鲍鱼。把小鲍鱼翻到汤汁里，中火煮上 1 分钟左右就可以撒青蒜出锅了，千万别煮老了。

土鸡酥酥烂烂，鲍鱼鲜嫩软弹，汤汁特别适合拌饭。

TIPS

是不是有点过于简单？如果没有新鲜小鲍鱼，我们还可以用这些食材来替换：

- 冬天鲜甜的白萝卜，尤其以打霜后的为佳，用白萝卜来搭配的这道菜会更水甜。
- 秋冬季节的新鲜栗子，去壳后使用。其实就是栗子烧鸡，有了淀粉质食材的加入，会多一层沉甸甸的踏实感，酱汁也很配。
- 榛蘑，也就是小鸡炖蘑菇的那个蘑菇，也建议按这个调料比例试试看！

不管怎么搭，这道菜的主要亮点都在于酱汁。其实酱汁也没什么特别，无非就是酱油、蚝油、糖和盐。但为什么会超乎异常的好吃呢？说来也不稀奇，无非就是比例对了（试了好几次），再加上两种足够鲜美的食材而已。

TIPS

按照这个思路，这几点可能决定这道菜的成败：

- 是否用土鸡。这个菜谱没有用到高汤，食材也非常简单，所以特别需要土鸡的肉味和鲜味。我甚至不太建议把鸡皮去得太干净，以免成品的胶质感不够。
- 是否使用陈酿花雕酒。陈酿花雕酒和普通的勾兑料酒香气很不一样，也是决定成败的关键点。当然，高度白酒也是可以的，是和花雕酒截然不同的另一种酒香。
- 用砂锅或铸铁锅慢炖一定会比高压锅更出味儿，可以加分。但得注意留足烹饪时间，锅里的水也小心别烧干。

酒香风味

据我观察，大部分人对于料酒的使用仍然停留在腌制肉类、河鲜海鲜时加上那么一勺用以“去腥”。不是说料酒去腥的办法不好，但我觉得酒类的香气在烹饪中起到的作用可能被很多人忽视了。

我在烹饪中经常用的酒有这么几种：啤酒、米酒（台湾米酒，或醪糟酒酿类，这两者的用途略有不同）、料酒（必定会选择味道更香醇的陈酿料酒，绝不会买勾兑料酒）、红酒、干型白葡萄酒、高度白酒等。对于度数比较低的啤酒、米酒和料酒来说，只要品质过关、食材搭配合理，是可以大量使用的。

在“鲍鱼烧土鸡”中对于花雕酒的使用方法非常基础，关键就在于花雕酒入锅的时候要尽量接触锅壁，让它烹出香气，这才是对“酒香风味”更好的诠释。

葱葱油鸡

原　料

① 鸡腿（手枪腿）两只，大约 500 克；

- 喜欢用整鸡的也可以，和鸡腿的处理方式一致，因为肉质的关系，这道菜不建议用鸡胸肉代替鸡腿肉；
- 我用的是三黄鸡，习惯用土鸡的也可以，焖煮的步骤需要增加一些时间；

② 紫洋葱 1 个，小葱 1 大把（先预留出两根切成葱段，其余分开葱白、葱绿）；

③ 老姜几片；

④ 生抽 1 瓷勺；

⑤ 盐半茶匙，作为调整咸度备用；

⑥ 陈酿花雕酒大约 300 毫升。

步 骤

1. 腌鸡肉

鸡腿请摊贩或超市店员剁成均匀的大块，比较厚的鸡皮可以撕掉，薄皮留用。加入生抽拌匀腌制半个小时以上，放入冰箱冷藏过夜也可以。

2. 熬葱油

将洋葱切成薄薄的丝。

炒锅里放入比较多的油，起码需要没过洋葱。中火烧热之后投入洋葱丝，转中小火，洋葱丝会冒出大量气泡。

同样是熬葱油，在素菜部分的“焦糖洋葱鸡蛋饼”菜谱中用的是白洋葱，同时还把白洋葱熬到彻底焦糖化了，目的是取其甜。“葱葱油鸡”里用紫洋葱，更辣更香，和口味重一些的肉食更搭，熬的程度也没那么深。我特别迷恋用简单的材料做家常菜，每次对原料或步骤稍微做一些调整，就能让成品有截然不同的效果，是最有成就感的时刻。

熬制大约 3~4 分钟，在洋葱丝的边缘有些焦黄了之后，投入葱白段。

再熬 1~2 分钟，葱白也略略变黄之后，投入葱绿，最后再熬 2 分钟。

3. 炒鸡肉

另取一只铸铁锅或汤锅，把刚刚熬好的葱油舀出 1 瓷勺倒入锅里，晃动锅子让它均匀覆盖锅底并中火烧热。如果保留了鸡皮，把鸡皮朝下先煎一下，再翻一翻，将整块鸡腿肉都略煎到表面变黄。

4. 焖鸡肉

鸡肉煎好之后拨到一边，利用剩余的油略爆香姜片，再把葱油里的洋葱和葱段捞出来入锅。葱管容易有多余的油分残留，要尽量沥干。

先加入原料分量中的陈酿花雕酒，不够达到鸡肉表面高度的部分用清水补齐，略没过鸡肉也可以。烧开后转小火，盖上锅盖焖煮大约半个小时左右。

总有人说为什么同样的菜用同样的步骤做出来味道却差出许多，食材和调料的品质几乎决定了菜品结果的七成以上。食材的重要性很多人已经留意到了，可是重视调料的人似乎还不够多。强调料酒一定要用陈酿花雕酒，不要用勾兑料酒，口感才能柔和醇香。

TIPS

焖煮的时间可以根据食材和锅子如此调整：

- 土鸡、柴鸡肉质较韧，需要焖煮 40~50 分钟；
- 三黄鸡的整鸡比鸡腿需要多焖 10 分钟左右，因为鸡胸等部位可以比鸡腿焖烂一点。
- 普通汤锅没有铸铁锅密封性好，使用普通汤锅也可以适当延长焖煮时间。鸡肉的软烂程度几乎和时间是正相关的，实在拿不准就咬一口尝尝。
- 用铸铁锅、汤锅的效果比用高压锅要好，因为这本来就是需要长时间炖煮入味，让调料慢慢渗透到食材中的烹饪方式。

在焖煮的步骤里，最重要的是让葱油的香气和甜度进入鸡肉。我很难形容咬下鸡肉那一瞬间的快感，明明葱油类的菜已经做过不少，但大概是因为这次用的量特别大，被油煎熬过的葱，香气和甜味都更加来势汹汹，和鸡肉简直太搭！

5. 收汁

焖煮够时间之后打开锅盖，葱段已经被焖得发黄。转大火收汁儿，因为葱和酱油里都有一些糖分，在收汁接近末尾的时候要特别留心不要烧煳。但也注意要尽量把水分收干，不留余地地收干，漂亮的糖色才能裹在鸡肉上。

撒上预留的葱段出锅。注意，出锅的时候可以把葱段和洋葱也小心地夹出来放在碗底，同样非常好吃。

葱油酒香风味

从第一本书《日出之食》中写过的“葱油拌面”开始，我就喜欢把大葱、小葱、洋葱这几种不同的“葱”混合起来用。它们的风味必定是相互融合的，又好像因为这份彼此融合，在我想象中的一幅葱香蛛网图上有了更复杂的张力。改变这三者的用量比例，又能得到不一样的风味，可以同时参考前面的“焦糖洋葱鸡蛋饼”菜谱。

把“葱葱油鸡”菜谱放在“鲍鱼烧土鸡”菜谱之后，充分说明酒香风味可以作为一个容器，容纳其他的风味之后生成新的复合风味。需要再次强调的是，酒香风味的形成必须要激发出酒香。只用少量料酒腌制原料是不算数的，用量较多的酒来烹煮，或者在出锅前用少许酒淋到锅边，这样的操作才能算。

除了葱油酒香之外，平时常见的复合型酒香风味还有：在啤酒鸭、啤酒烧小龙虾之类的菜肴中，五香风味或豆瓣家常风味和啤酒的结合；各种泡菜、酸菜风味和酒香风味的结合等。参考这个思路，就可以做出更多酒香风味的菜式了。

蒜蓉虾酱炒鸡腿

原 料

① 鸡腿（手枪腿）1 只，除了鸡腿，里脊肉片、五花肉片也都适合这个做法；

② 嫩嫩的新韭菜 1 小把，大约 150 克，多点或少点问题不大；

③ 盐半茶匙，白砂糖半茶匙；

④ 虾酱 1/3 茶匙；

⑤ 大蒜半头到 1 整头，具体使用分量要看鸡腿肉的分量决定，我用了半头多一点；

⑥ 老抽半瓷勺。

步 骤

1. 腌鸡腿

把大蒜压成蒜蓉，鸡腿去骨留皮切成指甲盖大小的丁，韭菜洗净择好切段备用。用蒜蓉、虾酱混合抓匀鸡腿丁，盖上保鲜膜腌制半小时左右，让蒜蓉和虾酱的味道渗透到鸡腿里。

2. 炒鸡腿

炒锅里放大约 2 瓷勺油，中火烧热之后把用虾酱和蒜蓉腌制的鸡腿丁入锅炒至半熟，盛出备用。

虾酱、鱼露这种食材的特点就是只要炒过，就好闻了，臭味变成香味。鸡腿上是裹着蒜蓉的，蒜蓉易煳，炒的时候要小心油温不要太高。炒完之后要洗锅，不然留在锅里的蒜蓉在下一步里也容易煳。如果鸡腿出水比较多，那么需要炒完之后放在笊篱上沥干多余的汁水。

3. 再炒一下鸡腿

在炒锅里重新放入 1 瓷勺油，转大火。接下来把需要用到的材料都尽可能放在手边方便的位置，让所有步骤都尽快完成。

先将鸡腿再次入锅炒两下，加盐、白砂糖和老抽，炒两下拌匀。

加入韭菜，炒两下，马上出锅！虾酱本身偏咸，所以酱料、糖和盐的用量都一定要少，避免味道太重。仔细观察原料图，每种调料都只用了一点点。

俗话说“生葱熟蒜半生韭”，这道菜里用到的两味主配料里，蒜至此已经充分熟透。只要我们在韭菜半生熟或七分熟（春天的新韭菜也不会太辣）的时候关火盛菜端上桌，这道菜的火候和调味就刚刚好。

非常好吃，各种臭都转化成了香。尤其是蒜蓉和虾酱，由外至内地渗到了鸡腿肉里面，大概比最好吃的咸酥鸡味道还要足！又没那么油腻。出锅后保留余温状态的韭菜和完全熟透的蒜蓉入口后真是越吃越香，随便一小筷子都能扒好几口饭。

虾酱鱼露炒鲳鱼块

原　料

① 大鲳鱼 1 条，约 500 克，选颜色明亮有光泽的为佳；

② 白胡椒粉半茶匙，盐大半茶匙；

③ 紫洋葱半个，大蒜 5~6 瓣，老姜 1 块；

④ 芦笋 6~7 根，茭白 1 根（也可以换成其他自己喜欢的应季蔬菜，选出水比较少的种类更好）；

⑤ 白砂糖半茶匙；

⑥ 虾酱半瓷勺，鱼露 1 瓷勺；

⑦ 小葱 3~4 根，切葱段备用。

步 骤

1. 切鱼块

用厨房剪刀剪掉鲳鱼的鱼头、鱼尾和鱼鳍。顺着大脊骨入手给鲳鱼开边，洗净，或剪开或刀剁，处理成大块。

处理好的鲳鱼块放到厨房纸巾上充分吸干水分。

用盐、白胡椒粉把鲳鱼块抓匀，腌制 5~10 分钟。

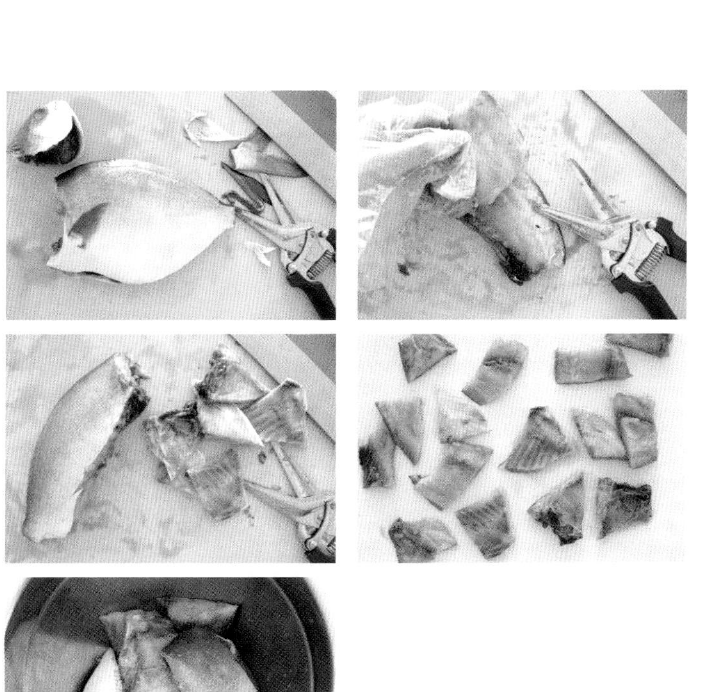

2. 处理配菜

利用腌制鲳鱼的时间处理其他配菜：老姜切片，蒜瓣拍碎，紫洋葱切成大块，芦笋削掉底部老皮之后切成段，茭白去皮之后切成滚刀块。

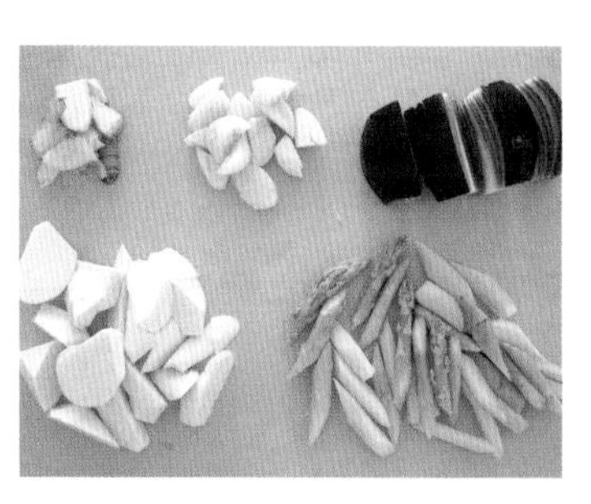

3. 煎鱼

不粘锅中无须放油，中火烧热之后再把鲳鱼块鱼皮朝下入锅，利用鱼皮本身的油分把鲳鱼煎到半熟。因为鲳鱼鱼皮本身非常肥厚，不需要再另外加油。但注意一定要烧热锅子之后再把鱼块放入，不然鱼皮容易粘锅。

小火慢煎 2~3 分钟，到鱼身可以在锅中轻易地滑动了，翻过来再煎另外一面。同样也煎 2 分钟，把煎好的鱼块盛出来备用。

4. 炒鱼块

炒锅中倒入 2 瓷勺油，中火烧热后把姜片、蒜瓣、洋葱块入锅炒出香味，炒到微微变黄。

转大火，把芦笋和茭白也入锅翻炒。后面的阶段一直保持大火状态，避免食材出水太多影响卖相。

煎好的鲳鱼块回锅，加入鱼露、虾酱和白砂糖一起翻炒均匀。注意，因为虾酱的质地比较黏稠，一定要尽量炒匀，免得咸淡不均匀。实在没把握的话，也可以事先用一小勺水或高度酒把虾酱调稀以后再入锅。

因为鲳鱼块已经是半熟状态了，调料炒匀之后就要尽快关火，撒葱段出锅。

这道菜我做过好几次，起初没预料到鲳鱼本身的油脂如此丰富，用了半煎半炸的办法来处理鲳鱼块。入口当然是油腻的，即使配菜再清淡也拉不回来。相反，直接煎出鱼皮的油脂的做法就太完美了，既能煎出鱼油的香气，又减轻了食材的油腻感。最后大火一通爆炒，就是我喜欢的清清爽爽又有烟火气的小炒风格。

这道菜不用虾酱和鱼露调味也是可以的，甚至做成香辣的、麻辣的想必也会很好吃。这就是味型的力量，了解了它的基本原理之后，如何变换做法都只在自己一念间。懂了一道菜的处理方式，就能变出十道八道不一样的美味。

发酵臭香风味

说起我们平时会吃到的发酵臭香风味的菜肴，能想到的有臭鳜鱼、臭豆腐、臭冬瓜、鲱鱼等。这些发酵食物产生的臭味一般都是可以挥发的，臭味挥发后只剩下蛋白质分解产生的氨基酸，是没人可以拒绝的鲜美。

臭鳜鱼、臭豆腐、臭冬瓜自己在家不好制作，但用鱼露、虾酱这类原料来烹饪菜肴还是很容易的。鱼露和虾酱是沿海地区比较常见的调味品，发酵后的“臭味”比较浓郁。但炒制之后会转变成特殊的香气，同时又有去腥提鲜的作用，是我非常喜欢用的调料。

说起虾酱和鱼露的用法，虾酱我一般习惯用在炒菜中，或者在炒、蒸之前作为腌料的一部分，配荤菜、素菜都不错。鱼露可以作为蘸料，或者在汤水和炒菜里加一点。鱼露和虾酱味道都比较咸，用的时候要注意减少其他咸味调料的比例。

豆腐香肠烧鱼

原　料

① 冰鲜黄鱼 2~3 条，加起来大约 500~750 克，使用新鲜的鲈鱼、鳜鱼也可以；

② 腌鱼用的盐 1 茶匙；

③ 老豆腐（北豆腐）一块；

④ 香肠（腊肠）1 根，品牌不重要，但更建议选择咸鲜口味的，而不是麻辣味或甜味的；

⑤ 大蒜 5~6 瓣，老姜 3~4 片；

⑥ 白胡椒约 20 颗，尽量用白胡椒粒而不是白胡椒粉；

⑦ 白砂糖 1 茶匙，生抽 2 瓷勺，蚝油 2 瓷勺，图片里仅为示意，如何把握生抽和蚝油的调料分量会在步骤里详细说明；

⑧ 青蒜 3~4 根。

步 骤

1. 腌鱼

请摊贩把鱼处理好，拿回来在清洗干净、撕掉肚子里的黑膜之后，在鱼的两面都打上花刀，均匀地撒上一些盐，放入冰箱冷藏腌制 10~20 分钟。

腌制的步骤主要有两个作用：一是让鱼肉入味，二是让鱼肉收紧，出一出多余的血水，略腌制一会儿的鱼肉更容易形成“蒜瓣肉”的口感。第二个作用对于鲜鱼会更明显。

2. 处理食材

豆腐切成大约 1 厘米的厚片，香肠切成大约 3 毫米的薄片，白胡椒粒用菜刀略压一下碾碎，大蒜剥皮，拍碎备用。

白胡椒的香气容易流失，所以在这道菜里建议用更耐久煮的白胡椒粒。白胡椒粉适合出锅后撒在菜上，实在没有白胡椒粒也可以用这个做法代替。

3. 煎豆腐、炒配料

不粘锅里放 2 瓷勺油，中火烧热之后煎豆腐，把豆腐两面都煎到金黄，盛出备用。煎豆腐的技术关键点在于不要太快翻面，在观察到豆腐挨着锅底的一面变得焦黄、起脆壳之后再翻面，豆腐就不容易碎。

如果豆腐没有粘锅的话就不需要洗锅，重新烧热之后再加 2 瓷勺油。把白胡椒粒、蒜瓣、香肠片和姜片一起入锅，炒香后也盛出来备用。白胡椒粒盛不干净不要紧，就留在锅里。

4. 烧鱼

无须洗锅，适当再补充 1 瓷勺油，中火烧热到微微冒烟的状态。腌过的鱼无须冲洗，但要尽量用厨房纸巾擦干，然后直接入锅，用中小火煎鱼。煎 3~4 分钟，轻轻晃动锅子，鱼身可以轻易移动了，再煎另一面。

鱼身两面都煎黄之后，把刚刚煎过的豆腐和炒过的姜、蒜、香肠一起入锅。加入生抽、蚝油、白砂糖和足够没过鱼身的清水，转大火煮沸。

烧沸之后尝一下汤汁，汤汁的咸度刚刚好或比刚好略咸一点都可以。汤里的咸味来源有：腌鱼用的盐、香肠、2 瓷勺生抽和 2 瓷勺蚝油。但因为每个人用的锅的大小和放入的水量不大一样，在这一步多尝尝才好调整。咸味一定要够，否则鱼的鲜味会出不来。

汤汁的咸淡没问题了，盖上锅盖继续用中火焖煮 4~5 分钟，让味道充分地“滚”出来。最后掀开锅盖，撒一把斜切成“马耳朵”形状的青蒜，出锅。如果喜欢更入味的青蒜，可以在青蒜入锅后再继续煮半分钟。

腊香风味

腊香风味的来源多种多样，腊肉、香肠（腊肠）、火腿、培根、腊鸡、腊鸭、腊鱼都是非常典型的代表。

大部分腊香风味的食材都有这么几个共同点：油脂丰富，味道偏咸，鲜味十足，味道醇香。但也可能有这些缺点：因为放置时间太长或保存不当而产生不好的“油耗味儿”，可能味道太咸影响整道菜的调味，或者油脂太厚重没处理好而让整道菜吃起来有点腻。

一般在使用腊香风味食材的时候我会注意这么几点：

- 先闻味。长时间不使用的食材要冷藏或冷冻保存，使用之前必须确定味道正常，没有“油耗味儿”才行。
- 确认咸度，适当拔除原料的咸度。拔盐的方法有很多种，家庭料理中最容易操作的方法有两种：一个办法是先提前煮一下食材，煮掉多余的盐分，但这样也会损失一些香气，所以这个办法更适合处理咸度更高的食材，也适合短时间烹饪使用，“笋干烧腊肉”菜谱中用的是这个办法；另一个办法是将腊香食材和其他食材一起煮，“豆腐香肠烧鱼”中用到的香肠咸度不算特别高，所以就用了这个方法。
- 避免多余的油脂。腊香风味的食材，香气来源一是熏制等制作环节，二是食材本身的油脂。如果觉得做出来的菜太油腻的话，可以用这么几个方法避免：1）将油脂丰富的腊香食材搭配其他质地比较干、适合吸油的食材使用，“笋干烧腊肉”就是这样的搭配；2）少放油，多多利用腊香食材自身的油脂来烹饪；3）使用腊香食材宁少不多，除了煲仔饭这种利用米饭承接了大量油脂的做法能够全部用腊香食材，其他用腊香食材做的菜肴里，都建议尽量不要让腊香食材超过总食材的一半。

椒盐鱼块

原 料

① 鲈鱼 1 条，重量在 500 克以上即可；

② 盐 1 茶匙；

③ 花椒若干，体积大约是盐的 2 倍。

步 骤

1. 切鱼块

将处理好的鲈鱼仔细洗掉肚子里的黑膜，用菜刀或厨房剪刀处理成大块或者大片，尽量让每块鱼厚薄一致。如果可以的话，最理想的方式是将鱼身两侧的肉片下来，脊骨舍弃不要，然后切成大片。要是非常难处理，也可以剁成大块。

2. 制作椒盐

把花椒和盐倒入炒锅中炒椒盐，不用放油，小火不断翻炒。盐粒的硬度比较高，所以不要用不粘锅来操作，避免划伤锅底。炒到盐粒发黄，花椒香气变得非常明显，1~2 分钟就可以。

用搅拌机打成粉末状，最好用筛网再过滤一下，滤掉大颗的花椒籽再使用。

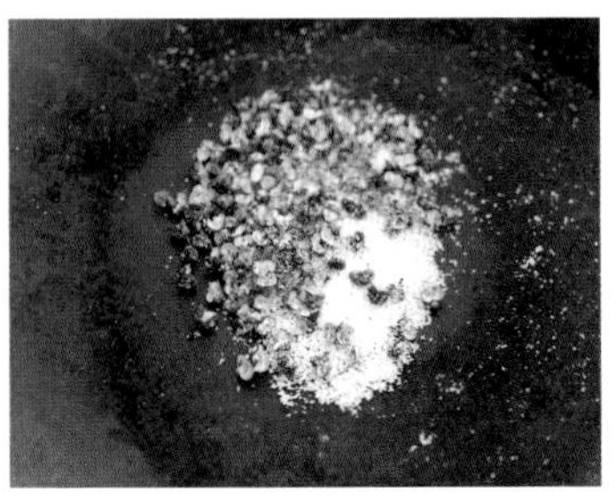

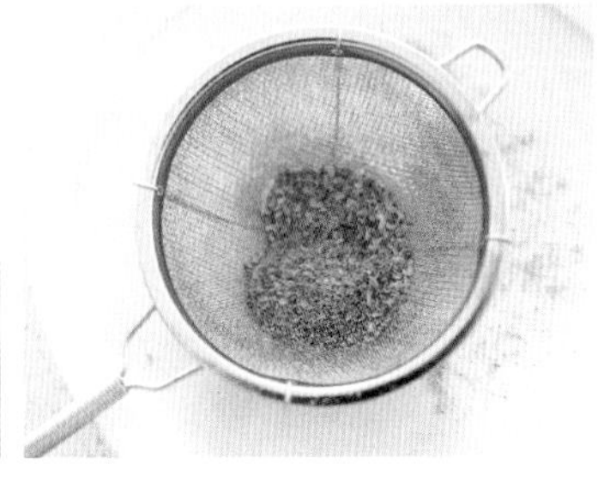

3. 腌鱼

切好的鱼块用厨房纸巾尽量吸干水分，两面都薄薄地撒上一层椒盐粉，稍微抓一下让椒盐粉更好地渗透到鱼肉里。然后盖上保鲜膜放入冰箱冷藏腌制 4~8 小时，如果可以在保鲜膜上压一个重物，效果更好。

这个方法是借鉴了一些地区用大量盐来腌鱼的做法，尽可能让鱼肉内部的血水出干净，口感会非常不一样，和椒盐口味也很搭。

腌好的鱼块再次用厨房纸巾反复吸干水分备用。

4. **煎炸鱼块**

煎锅或炒锅里多放一些油，高度起码要没过鱼块的一半。大火烧热到冒烟之后，把处理好的鱼块鱼皮向下先煎 1~2 分钟，期间一直保持大火，一面完全焦黄之后再翻过来煎另一面。

煎炸好的鱼块用厨房纸巾略吸一下多余的油分再摆盘上桌。

椒盐风味

本来想以“椒盐烤排骨”或是“椒盐羊排”又或是“椒盐藕夹”之类的菜为切入点，但“椒盐烤排骨”以前在微信公众号上发布过了，“椒盐藕夹（茄夹）”这种需要油炸的菜式又容易让厨房新手望而却步。试了好多次，终于以“椒盐鱼块”作为这本书最终确定下来的菜谱风味：椒盐风味。

椒盐风味顾名思义，是由花椒和盐组成的。这种风味特别适合搭配煎、炸、烤的菜式。

椒盐的风味构成非常简单，所以必须强调它的香气，不香的椒盐风味绝对是失败的。最好能将花椒与盐以 2：1 的比例放入炒锅中炒热、炒香之后，再现磨成椒盐粉使用。炒干多余的水分，炒出香气，炒热，炒出有渗透力的调料。即使退一步使用市售的现成的椒盐粉，也尽量炒香才好。但我们强调过很多次，花椒是非常容易丧失香味的材料，所以现磨一定更好。

制作好的椒盐粉主要有两种使用方式：腌制或作为蘸料。椒盐鱼块就是使用腌制的方式，微信公众号中发过的“椒盐烤排骨”菜谱也是一样。炒热的椒盐非常香，也有更好的渗透力，可以渗入食材深处让风味确定下来。作为蘸料就更常见了，很多调味比较淡的煎炸食物都可以直接蘸取炒好的椒盐粉食用。

干烧带鱼

原 料

① 带鱼 2 条，500~600 克，切段备用；

②“万能肉末”60~70 克，芽菜 20~30 克（我用了小包装宜宾碎米芽菜的 1/4 包）；

③ 大蒜 4 瓣，老姜 1 小块，手掌长度的大葱 1 根；

④ 盐 1 茶匙，白砂糖 1 茶匙，陈醋 1 瓷勺，老抽半瓷勺；

⑤ 料酒 1~2 瓷勺，香油 1 瓷勺；

⑥ 水淀粉以玉米淀粉与清水的比例为 1：1.5 准备一些；

⑦ 小葱 2 根，切葱花备用。

步 骤

1. 备菜

大葱、姜、蒜尽量切成碎末，料酒、香油、水淀粉兑到同一个碗里。

锅里放 1 瓷勺油，中火烧热之后先把大葱末、姜末、蒜末炒出香味，再把芽菜和“万能肉末”也入锅一起炒匀。

2. 煎鱼

为了避免粘锅，将不粘锅洗一下也行，换一口锅使用也行。中火烧热 2 瓷勺油，把已经洗净、放到厨房纸巾上充分擦干表面水分的带鱼入锅。

煎鱼的秘诀永远是用热锅、热油来煎，鱼身要干，别太快翻动，减少翻面次数。单面煎到轻轻晃动锅子鱼身也能跟着晃动的时候，再翻过来煎另外一面。

3. 烧鱼

鱼的两面都煎好之后，倒入刚刚炒过的所有材料，加上没过鱼肉 2/3 高度的清水，加入陈醋、老抽、白砂糖和盐，大火烧开之后盖上锅盖，转中火烧 5~8 分钟。

这个味道相当复合，用过“万能肉末”做菜的人应该已经有这种感觉，“万能肉末”放到烧、炒、焖煮的菜里都奇搭，吃不出甜面酱和胡椒粉的味儿，却多了一种格外的鲜。更别提发酵的芽菜本来也可以炒肉末，那是无可替代的咸鲜发酵风味，这也是强调在菜谱中使用芽菜的目的。如果没有芽菜的话，其他同类的腌菜也都可以试试看。

而烧鱼的固定调料搭配是糖和醋，去腥提鲜的步骤不是体现在用料酒腌鱼就可以了，更多的是在糖醋复合的用法里。糖醋到位了，自然就给鱼去腥提鲜了。

烧到水量变少，配料大部分都沉到锅底的时候，可以开始准备勾芡。

勾芡可以有两种方式：一种是鱼仍然在锅里的时候，直接把香油、料酒和水淀粉再拌匀，转大火，顺着锅边淋入锅。一定要让料酒遇热，遇热了就更香。另外一种方式是先将鱼摆盘，只针对锅里剩下的汤汁和底料进行勾芡，最后撒上小葱出锅。两个办法都可以，完全看个人喜好。

有些人习惯在煎带鱼之前稍微拍上一层面粉或淀粉，这个操作也没问题。如果是先拍了面粉或淀粉再去煎炸带鱼的话，就不需要勾芡了，直接用中火将汤汁收到喜欢的程度就可以了。有面粉或淀粉的作用，汤汁自然会收浓，达到和勾芡类似的效果。

同样的方法，我还做过干烧小黄鱼。鲈鱼、鲫鱼等品种也都适用于这个做法，是非常百搭的烹饪和调味方式。

腌菜风味

从前很少会想到这是一种什么样的风味构成，但因为从小就接触这样的腌菜，在不同的菜肴里添一把霉干菜或加一勺切碎的榨菜末简直是我深入骨髓的习惯性操作，方便又好吃。

现在把它重新归类的话，我认为腌菜风味的本质仍然是咸鲜风味，只是更多出一层发酵的香气。雪菜、芽菜、霉干菜、菜脯、榨菜、冬菜、腌萝卜条等，各地不同的腌菜风味不尽相同，但大部分都是咸鲜基底，略带回甘。

从使用上考虑，大部分腌菜最大的问题就是太咸。在使用的时候要注意两点：要么长时间的烹饪，尽可能让腌菜的咸味和鲜味释放出来，进入其他的食材。这种方法能让腌菜的优势充分发挥，是效果最好的。如果烹饪时间不够，比如只是在一个简单的小炒中加一勺腌菜，炒匀之后马上就出锅了。那么可以把腌菜提前用清水冲洗一下，去掉多余的盐分，这样才能让一锅菜里不同食材的咸淡程度接近平衡。食材的咸淡，是需要时间来释放和吸收，才能达到平衡的。

如果腌菜利用得宜，会非常提味开胃。腌菜也可以和其他咸鲜基底的风味搭配使用，或者稍微叠加一些酸味、辣味、蒜味、腊味也都是合理的。

时蔬炒虾仁

原 料

① 大虾 10 个左右，我一般会用新鲜活虾或优质速冻海虾；

② 半根西葫芦，4~5 个口蘑，7~8 根荷兰豆和 7~8 根芦笋，用其他自己喜欢的时蔬也可以，但要尽量选择不容易出水的；

③ 鱼露半瓷勺；

④ 白砂糖一小撮，白胡椒粉一小撮；

⑤ 盐半茶匙。

步 骤

1. 腌虾仁

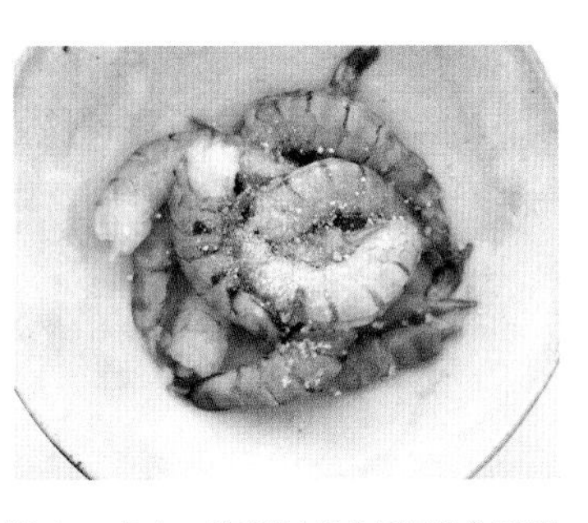

新鲜大虾或速冻海虾去壳去头、剖开去虾线。然后加一小撮白糖和一小撮白胡椒粉，抓匀后腌制几分钟。

我观察赵师傅做菜，他在大部分猪肉、鸡肉、海鲜的腌制里都会用到白胡椒粉和白砂糖。会甜吗？不会。胡椒味道明显吗？也不会。就这么一点点用量，主要还是提鲜，并且提鲜效果显著。

可能有人会问，如果虾的味道比较腥，要怎么遮掉它呢？除了白砂糖和白胡椒粉之外，再加一点料酒行不行？烹饪中食材是优先考虑的，食材不好的时候才会选择用浓烈的味道掩盖过去，但这绝对不是最佳选项。

2. 处理其他蔬菜

趁着腌虾仁的功夫，处理一下其他蔬菜。西葫芦切成滚刀块，荷兰豆撕掉老筋切成段，芦笋刮去根部大约 10 厘米左右部分的老皮，切成段。

考虑到希望所有的食材大小比较一致，口蘑切小块的时候我会建议切成三等分，而不是横竖两下切成四块。

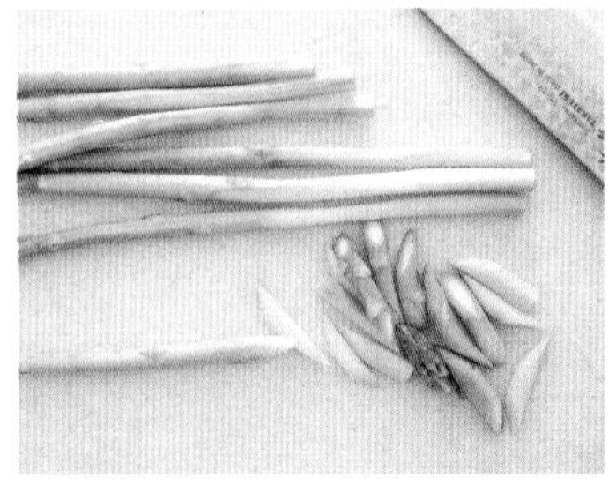

3. 炒菜

炒锅里放入大约 2 瓷勺油，中火烧热之后先把虾仁翻炒到半熟，虾仁开始变红但又没完全红的时候，关火盛出来备用。

洗锅烧干后重新放入大约 2 瓷勺油，转大火，先把西葫芦块和口蘑块入锅翻炒。

大火炒大约十几下后，口蘑微微有些变色，再放入芦笋段和荷兰豆段继续大火翻炒十几下。

加入半熟的虾仁和盐，顺着锅边淋入半瓷勺鱼露，最后翻炒几下马上关火出锅。

TIPS

如果用的是其他时蔬，要怎么决定下锅的顺序？

- 难熟的先下锅。
- 容易出水的先下锅，让大火尽快烹干食材中的水分。
- 需要保持青翠颜色的后下锅，避免炒得久颜色不好看了。

我用的这几种食材都易熟，所以会把容易出水的西葫芦和口蘑先下锅，把不容易出水又需要保持青翠的荷兰豆、芦笋后下锅。最后回锅的当然是已经半熟的虾仁，虾仁炒到刚刚好全熟的时候，就是整锅食材该一起上桌的时候了。

是非常干净清爽，又香气扑鼻的状态！

这个菜谱在微信公众号发布之后大受欢迎，据我所知已经成为很多人每周都会做的固定菜品了，食材可以随着季节和个人喜好选用。

如果要给这道菜的风味归类，应该属于基础的咸鲜风味。这道菜于我来说，更大的意义在于终于更换了腌制食材的方式，从此打开了一个新篇章。写到这里，建议大家再翻到本书开头的“制胜一击：腌好食材，是荤菜制胜的第一步”，再对号入座，看看简单提鲜目的的腌制方法到底是如何起作用的。

蛋汁大虾

原 料

① 大虾 15 个，冰鲜的海虾或者活虾都可以；

② 鸡蛋 3 个，打散备用；

③ 小葱 4~5 根，切成葱段；

④ 大蒜 4~5 瓣；

⑤ 番茄酱大约 2 瓷勺，蚝油 1 瓷勺，郫县豆瓣酱 1 瓷勺；

⑥ 盐半茶匙，作为调整咸度备用，一般应该用不到；

⑦ 现磨黑胡椒。

步　骤

1. 处理虾

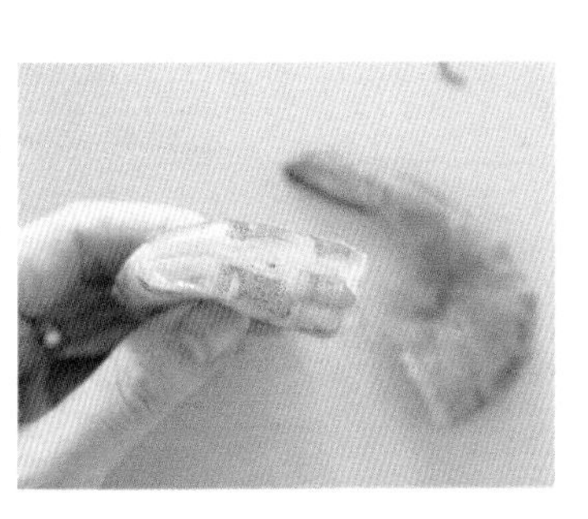

大虾去头、开背、去虾线，把虾背的位置开深一点方便入味。虾壳也不需要去掉，留着好嘬味儿。

2. 打酱汁

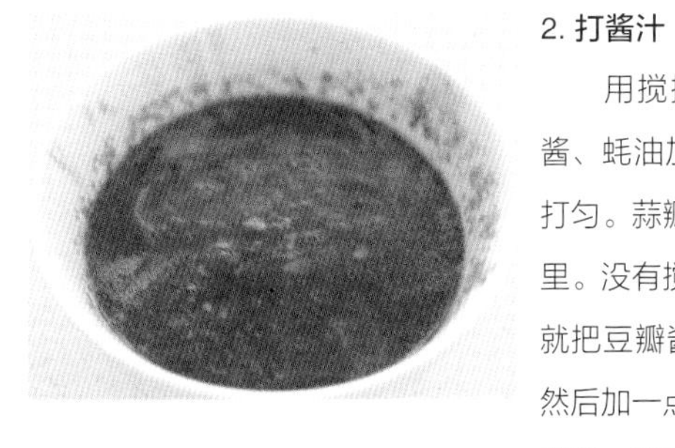

用搅拌机把郫县豆瓣酱、番茄酱、蚝油加大约 50 毫升的水，一起打匀。蒜瓣压成蒜泥，也放到酱料汁里。没有搅拌机怎么办？没关系，那就把豆瓣酱放在砧板上尽可能剁细，然后加一点水和匀。这一步尽量不要偷懒，我们需要让酱料从固体变成偏液体的状态，渗到虾肉里，渗到虾肉和虾壳的缝隙里。

3. 炒虾

炒锅里放入 2 瓷勺油，中火烧热之后先把开背的虾炒到八成熟，通体只剩一点点灰色。

淋入酱汁，保持中火，快炒几下炒匀。

把裹上了酱汁的虾拨到锅子的一边，倒入蛋液。蛋液入锅之后停顿3~4 秒，让它稍微凝固一下，然后再拌炒。

蛋液会和没用完的酱汁混合到一起，变成这道菜非常好吃的另一部分。

这个时候尝尝咸度，如果不够咸就撒非常少量的一点盐来调整。但基本上有蚝油、番茄酱和郫县豆瓣酱这么几个咸味来源，是不需要再加盐的。

撒葱段，拧几下黑胡椒就可以出锅了。

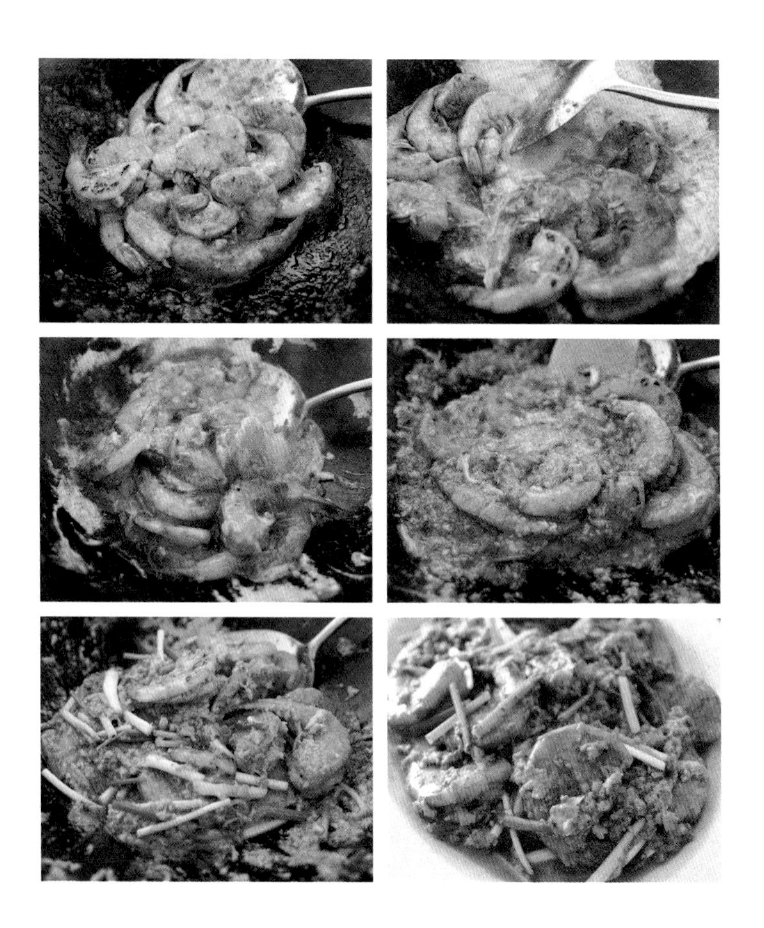

蒜味融到了酱汁里，毕竟蒜和海味绝搭。而酱汁、蛋液、大虾这三者，两两之间都是融洽的——番茄和鸡蛋，茄汁和虾仁，虾仁和鸡蛋。最后 1+1+1>3，鸡蛋成了酱汁的一部分，微酸、微甜、微辣的酱汁无处不在，这是我最喜欢的一点。

有那么一瞬间甚至觉得不需要大虾，用酱汁炒鸡蛋也可以？但恐怕又少了点口感，还是现在这样好。

后来我还用同样的酱汁炒过“万能肉末”，把万能肉末先放到砧板上剁碎，再用同样的蛋液炒，也是一样的风味，入味且下饭。

茄汁豆瓣风味

在传统的“味型”概念中，并没有茄汁豆瓣的味型。一来茄汁的主力军“番茄酱”是舶来品，最早也是在粤菜中应用比较多，一般会搭配煎、炸的菜肴作为提味之用。我有段时间是非常反感番茄酱的，虽然味道酸甜可口，但总不如新鲜的番茄来得天然。尤其自己又不太喜欢煎炸的食物，番茄酱总会让我联想到薯条和快餐食品。二来似乎也想不出来怎么把番茄酱和其他调料一起使用，在家庭烹饪中对番茄酱还是很有认知局限。

但在对酱料或者味型有了更复合的应用心得之后，冰箱里那一大瓶番茄酱又被我想起来了。既然想不到现成的食谱或吃过的菜品，那就自己试试看？

豆瓣酱确实很适合作为复合风味的基底，有很强的包容性，豆瓣酱加其他酸甜风味的调料也是有先例的。于是我用豆瓣酱做了这次尝试，很成功。如果完全不能吃辣的话，换成以黄豆制成的黄豆酱，或者由黄豆发酵制作而成的腐乳汁、腐乳泥也有类似的效果。虽然风味肯定不同，但也不妨替代看看，作为一种复合风味的新尝试。

蒜香小鲍鱼

原 料

① 小鲍鱼 10~15 个；

② 老姜 2~3 片，花椒 10 颗左右；

③ 大蒜 2 头，糖蒜半头；

- 北方超市都比较容易买到糖蒜，南方朋友不好买的话可以试试用腌藠头来代替；
- 如果仍然没有，也可以只用大蒜，但建议在原料中再另外加半瓷勺白砂糖；

④ 盐半茶匙；

⑤ 郫县豆瓣酱大半瓷勺到 1 瓷勺；

⑥ 水淀粉 1 小碗，比例大约是 1 汤匙玉米（或豌豆、绿豆）淀粉，兑 3 倍清水；

⑦ 小葱 2~3 根，切葱花。

步　骤

1. 处理小鲍鱼

抓起活的小鲍鱼，用小刀划开贝柱，取出鲍鱼肉。然后用小牙刷或洗碗布刷干净，和贝壳临近的内脏部分可以舍弃。因为鲜活的小鲍鱼刚剖下来的时候会收缩，那会儿不大好切。剖下来的小鲍鱼略放一会儿，让它再松弛一下，再用小刀快速地切出“井”字花刀。可以先把小鲍鱼一只接一只地剖，剖完最后一只之后，再回过头去切第一只。当然也可以请摊贩处理好，自己完成切“井”字花刀的步骤。

2. 炒蒜蓉

把两头蒜都压成蒜蓉备用，把郫县豆瓣酱剁碎备用。

不粘锅里倒入 2~3 瓷勺油，不需要烧得太热，倒入大约 4/5 分量的蒜蓉入锅，炒到变色，整个厨房都是蒜香。

蒜蓉容易受热也容易炒过头，炒过头了会发苦。炒的时候注意两点：油温不要太高，油量也不能太少。油太少了蒜蓉会粘在锅壁上，一不小心就煳了。翻炒蒜蓉，当蒜蓉都被炒到变色就可以了，不需要炒到太焦黄，盛出来和另外 1/5 没炒过的生蒜蓉放在一起备用。炒完的蒜蓉感觉是浸在油里的，这样才润，才不苦。

蒜蓉的处理方式借鉴了粤菜中的“金银蒜”料头，可以用来做各种“蒜蓉粉丝蒸 × ×”的菜式。炒过的蒜蓉是“金”，没炒过的蒜蓉是“银”。金蒜更香，银蒜能保留大蒜的一部分生辣气，是一种微妙的层次感。而我喜欢金蒜更多，所以会把这部分比例加大到 4/5。

3. 炒小鲍鱼

不粘锅重新洗净，倒入 1 瓷勺油，用中火把姜片、花椒炒香。注意炒完蒜蓉的锅子一定要洗，蒜蓉的黏液粘在锅壁上太容易煳了。

再把豆瓣酱也倒入，小火炒出红油。

转中火，放入两种蒜蓉翻炒半分钟。倒入小鲍鱼，再略翻炒，最后加入 400 毫升左右的水。水量基本与小鲍鱼高度持平，或低至 2/3 都可以。

中火煮 4~5 分钟，中途略翻动一下让小鲍鱼受热均匀。最后放入切碎的糖蒜，翻炒两下，盛出小鲍鱼。加入糖蒜是为了让它释放出发酵过的甜味，而小鲍鱼易熟，所以先盛出来，不要过度烹饪，免得太老。

4. 勾芡

锅里剩下的汤汁略勾个芡。水淀粉在入锅前再搅匀一下，分 2~3 次淋入锅里，每次淋大约半瓷勺分量的水淀粉。在勾芡的过程中，灶头保持中小火，每次淋入芡汁之后都用锅铲扒拉均匀。

当汤底的浓稠度变成下图这样，就马上关火，避免过度加热后变得太稠甚至结块。

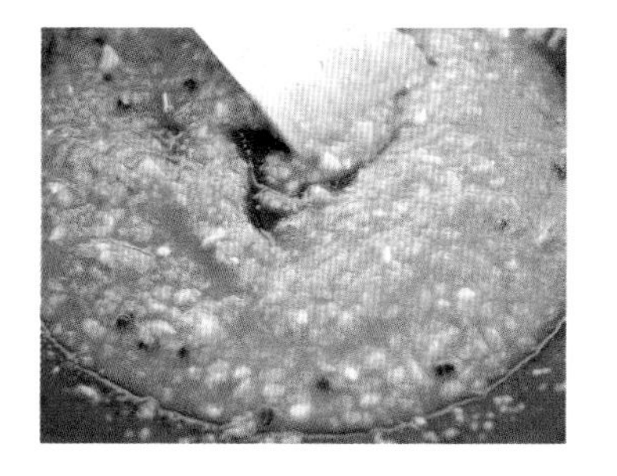

淋到小鲍鱼上，然后撒葱花就好啦！

这道菜突显了出色的蒜香调味，金蒜、银蒜、糖蒜，有香、有微辣，还有一点点回甜。我用同样的做法也做过虾，虾剖背、去虾线之后已经很好入味了，就不大需要勾芡。像小鲍鱼这种肉质比较厚的，才会更需要让汤汁挂在鲍鱼肉上。

TIPS

勾芡的时候注意：

- 水淀粉入锅前一定要再搅拌均匀，目的是不让淀粉沉底。
- 水淀粉少量多次地加，观察芡汁每次入锅被加热后的稠度，再淋入下一次芡汁。给出的水淀粉分量不需要全部用完。
- 分多次勾芡，并且在每次淋入芡汁之后尽量多多拨动，可以让整个汤底的浓稠度更均匀，不容易有些地方结块、有些地方却还是稀稀拉拉的汤水。

蒜香风味

蒜香风味是一种非常霸道的味道，喜欢的人非常喜欢，不喜欢的人避之唯恐不及。但蒜香风味其实也是一种复合型的味道，如果将大蒜单独压成蒜泥，这种蒜味是非常单一并且冲鼻的。

复合型的蒜香风味有这么几种搭配思路：直接将不同形态的蒜搭配，比如常见的“金银蒜”，将炒熟的蒜蓉和生的蒜蓉一同使用；像“蒜香小鲍鱼”菜谱中，将炒熟的蒜蓉、生的蒜蓉、腌制过的糖蒜一起使用。和红油、白糖、香油等调料搭配，同时注意让大蒜的风味比红油和香油的风味更突出一些。

如果不以大量的蒜为主体调味思路，只是用少许蒜末炝锅、出锅后加入一些青蒜等做法，基本不能称作典型的蒜香风味了。

还有一种吃蒜不见蒜的方法，是制作“蒜水”或“蒜油”。利用水或油作为介质，将蒜末或蒜蓉浸泡一段时间后只取液体使用。制作蒜水或蒜油时，要多尝试几次固体和液体的比例，才能获得理想浓度的调料。我曾经在微信公众号写过一篇“蒜香鸡翅”菜谱，就是将蒜蓉浸泡之后取蒜水，再以蒜水给鸡翅腌制入味之后烤熟。这个做法的好处有二：蒜汁可以渗透到鸡翅更深处，同时也不容易因为鸡翅表面有蒜末而烤煳。大部分读者使用这个菜谱都可以成功，少部分没有成功的读者，几乎都是因为蒜水浓度不够或腌制鸡翅的时间不够，造成成品的蒜香风味不够突出。

在使用蒜末、蒜蓉的时候要注意这么几点：

- 切好、压好的蒜末或蒜蓉，接触空气太久会氧化。
- 用蒜末或蒜蓉调味时，如果同时加入了醋，蒜会容易变绿。
- 大蒜黏液较多，这种黏液是容易粘锅的。
- 蒜末或蒜蓉不适合用太少的油或者温度过高的油来炒，容易煳，造成发干、发苦的口感。

蒜豉小鲍鱼

原 料

① 小鲍鱼 8~10 个，去壳清洗干净之后备用；

② 紫洋葱半个或红洋葱 4~5 个，切菱形片备用；

③ 绿色灯笼椒（甜椒）一个，切菱形片备用；

④ 干豆豉 1 小把，大约 1 茶匙；

⑤ 大蒜 5~6 瓣，剁成蒜末备用；

⑥ 白砂糖半茶匙，盐半茶匙，料酒 1 瓷勺；

⑦ 淀粉大约半瓷勺，加入 2~3 倍清水调成水淀粉。

步 骤

1. 制作豆豉蒜蓉酱

将干豆豉放到清水中浸泡 10 分钟，让它稍微变软一点，然后沥干水备用。炒锅中倒入稍微多一点的油，分量需要明显地没过豆豉和蒜末以免煳锅。用热锅冷油小火将豆豉和蒜末一起炒匀，炒到蒜末明显变色，豆豉和蒜末的香味都非常清晰。

然后将蒜末豆豉连同所有的油一起盛入小碗，在沸水锅或蒸箱中用小火蒸 10 分钟，让蒜末豆豉的香味更加浓烈。这一步非常重要，能把蒜末豆豉的香气放大不止 2 倍。

2. 切配菜

将灯笼椒去头尾，去掉筋，切成菱形片。紫洋葱先纵向切成大片，然后横切一刀也切成菱形片。

去壳小鲍鱼切“井”字花刀，注意不要切断。

3. 炒小鲍鱼

将刚刚蒸过蒜末豆豉的油脂滤出来入锅，小火慢慢炒香灯笼椒片和洋葱片。因为油里面有蒜末的黏液，所以有可能容易煳锅，必须注意火力要小，勤翻食材。

灯笼椒片和洋葱片都炒蔫之后，转大火，倒入剩下的蒜末豆豉和小鲍鱼，加入白砂糖和盐，不断翻炒。

大火翻炒大约 1 分钟，观察小鲍鱼微微蜷缩，在锅边淋入料酒，迅速地勾个薄芡，就可以出锅了。

豆豉蒜香风味

因为家乡附近的县市盛产干豆豉，老家也有大量使用干豆豉的习惯，豆豉蒜香风味在很长一段时间里都是我非常喜欢的风味之一。长大之后我才接触到其他一些地区生产的湿豆豉，也感受到了干、湿豆豉在风味和食用方法上的不同：

- 干豆豉的质地较硬，湿豆豉的质地较软。如果是长时间蒸制的话影响不大，但如果是在短时间的炒、焖等做法中使用干豆豉，建议先提前浸泡，避免成品中的豆豉太硬影响口感。
- 和湿豆豉相比，干豆豉的风味没那么咸。我在使用湿豆豉的时候，会大大减少用量，并且经过冲洗、剁碎之后再使用。
- 干、湿豆豉的风味不大一样，干豆豉的干香风味更浓郁，我一般会选择湖南浏阳、广东阳江等产地的干豆豉；湿豆豉更咸鲜，我常用的是重庆永川的湿豆豉。

豆豉和大蒜是绝配，搭配在一起之后可以蒸、炒、焖、煮，可以烹饪鸡、鸭、鱼、小海鲜等多种食材。除了大蒜，豆豉和不同质地的干、湿、腌辣椒也都可以融合、叠加得很好。

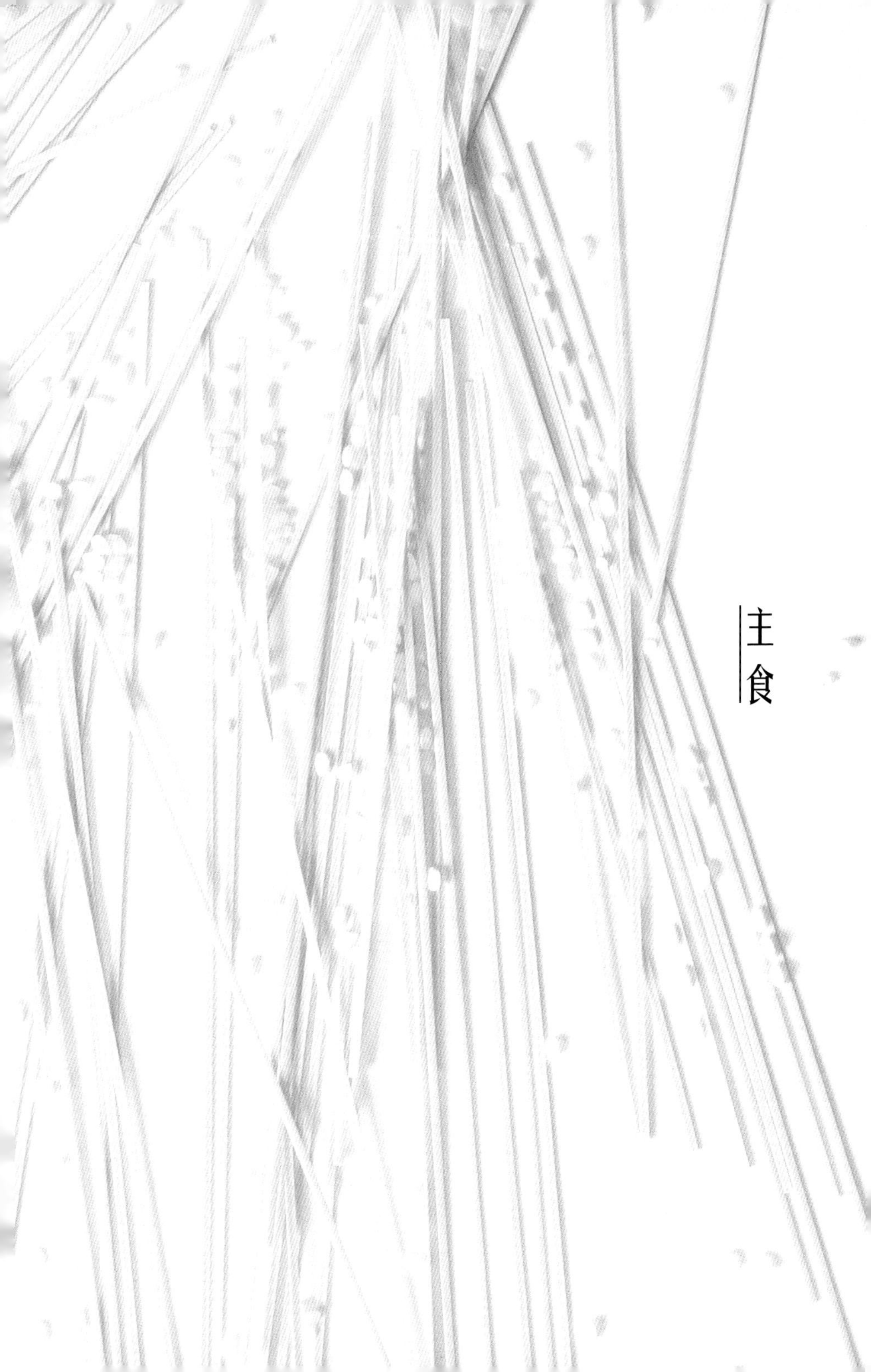

主食

赵师傅凉面

原料（1人份）

① 面条1把，湿面100~150克，用碱面、鸡蛋面都可以，北方同学我觉得用手擀面也不是不行，甚至米线也是搭得上的，完全看个人方便；

②“万能肉末”20~30克；

③ 宜宾碎米芽菜半瓷勺；

④“海会寺”白菜腐乳指甲盖大小的一点；

⑤ 香醋半瓷勺，老抽半瓷勺；

⑥ 辣椒油1瓷勺，完全不吃辣的可以用香油（芝麻油）代替，也可以用一半辣椒油一半香油；

⑦ 白砂糖半茶匙，花椒面1小撮，芝麻酱1茶匙（原料图下排最右）；

⑧ 小葱2~3根，切葱花备用。

“海会寺”白菜腐乳的用量如图，用小铁勺舀一个尖尖就够了，味道咸到绝不能多放，但也鲜到无法省略。这种腐乳的特别之处在于每块腐乳外面都由腌制的白菜叶包裹，可以说是腌菜和腐乳的加成，风味鲜香、偏咸、微辣，确实和别的腐乳味道不一样。

而除了拌凉面，“海会寺”白菜腐乳还能怎么用？平时佐粥当然没问题，另外几乎所有的红烧菜式譬如猪五花、猪排骨、鸡肉里都可以放上半瓷勺提味，非常鲜香。如果实在没有，也不想准备，那么就用其他品牌的腐乳代替吧。

除了以上所有原料之外，还可以在最后加一小把炸黄豆，需要提前一晚把黄豆泡发备用。

步 骤

1. 炸黄豆

如果准备了泡发的黄豆，那么应当从炸黄豆开始。炒锅里倒入足够没过黄豆分量的油，中火烧热后把泡好沥干的黄豆入锅，先用小火炸，避免溅油。

小火炸 1 分钟左右之后，逼出黄豆的部分水分，再转中火炸 3~4 分钟。

注意观察黄豆冒出的气泡，等气泡变小、黄豆颜色变深，即使此时还没完全达到理想的颜色，也要提前出锅。

因为温度的关系，炸好的黄豆在碗里会再略微变深一点点。将炸好的黄豆摊在一个大碗里放凉，凉了才脆。

2. 煮面

沸水下面条，小火煮开后加 100 毫升左右的凉水，反复三次。确保面条可以一夹就断，却又不会太软烂没口感，中间留一点点硬芯的嚼头是最好的。

TIPS

- 我觉得这个凉面的亮点主要在于配料，面条本身不管是碱面、鸡蛋面、手擀面都是成立的。
- 但不建议留学生用意面代替，意面和酱汁要达到完全融合需要一个煮的步骤，只用“拌”的方式意面会不入味儿。

3. 拌面

为了防粘，用凉白开把煮好的面条冲一下之后尽可能甩干，先拌上辣椒油或香油，再拌其他调料。调料里的辣椒油或香油（芝麻油）绝不能省，既能润滑面条、起到防粘作用，又能提升香气。辣椒油和香油的比例可以看自己喜好，嗜辣的人不妨全用辣椒油，不能吃辣的人不妨全用香油。150 克面条里的香油和辣椒油总用量为 1~2 瓷勺就非常足够了，放多了容易腻。

如果觉得白菜腐乳和芝麻酱不容易拌匀，可以先用其他液体调料将这两种调料调开，再把所有的调料、热的“万能肉末”和炸好的黄豆放到一个足够大的容器里一起拌匀。

最后撒上葱花。

这道凉面的菜谱来自赵师傅，在他曾经工作过的国宾馆级别的金牛宾馆里，这道凉面受到不少人的喜爱。

即使配料和做法已经比较适合家庭烹饪了（毕竟没有用电风扇吹凉面的步骤），但我看着长长的材料表仍然有点发怵。结果鼓起勇气第一次只配齐了 80% 原料试味道，已经有了好吃的街边凉面的影子。第二次铆足了劲配齐了原料，那种江湖气中的高级感体会得非常明显，确实非常佩服。从这道凉面中学到的“万能肉末”做法，一整年里几乎在不同的菜式里应用了快 100 次。

配料里为什么一定要用白菜腐乳？据说是因为当年许多人吃饭的时候会要求不放味精，白菜腐乳的增鲜、增香作用在一定程度上是取代味精的。炒“万能肉末”又一定要用胡椒粉和甜面酱吗？要的，拌匀之后单独的酱料风味都不是很明显，可复合之后就是猜不透又吃不够。这样的复合调料风味无法找到现成的替代品，真的无法偷懒。

酸辣汤面

原料 1

① 简易鸡骨或牛骨高汤 1 大碗；

② 面条 100~300 克，选用鸡蛋面、拉面、手擀面都可以；

③ 汤碗中作为汤底的调料：白胡椒粉 1/3 茶匙，香醋 1 瓷勺，香油 1 瓷勺；

④ 煮汤调料，可按水量或个人口味进行调整：

- 米醋或香醋与姜汁的比例约为 3∶1，我用了 75 毫升米醋和 25 毫升姜汁；
- 辣椒油 1~3 瓷勺；
- 盐 1~3 茶匙；
- 生抽 1 瓷勺，料酒 1 瓷勺，白胡椒粉 2/3 茶匙；

⑤ 勾芡原料：水淀粉 1 大勺。

原料 2

① 泡发的木耳 1 小碗；

② 鸡蛋 2 个，用来煎蛋饼皮的水淀粉半瓷碗到 1 瓷勺，不一定全用完；

③ 油豆腐（豆腐泡）4~5 颗；

④ 韧豆腐（质地不会太老也不会太硬的种类）半块；

⑤ 香菜 4~5 根，切段备用。

这个材料是素菜版本的，也可以根据喜好发挥想象做出海鲜版本、鸡肉版本等不同的酸辣汤面。

步 骤

1. 准备原料

将 1/3 茶匙的白胡椒粉和香醋、香油一起倒到碗底备用。

木耳去蒂切成粗丝，油豆腐、韧豆腐也都切成粗丝或条备用。

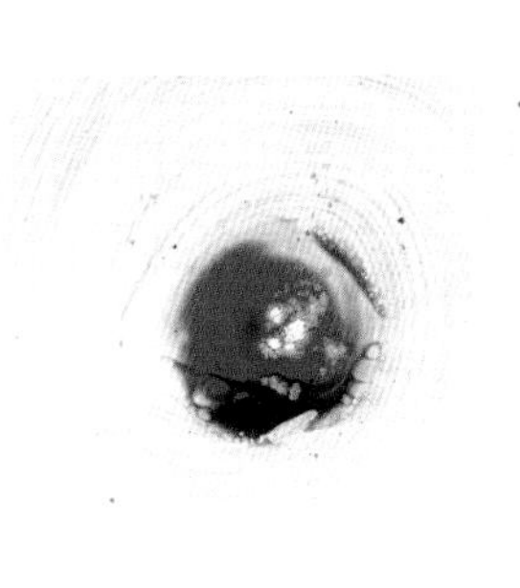

2. 煎蛋饼皮

将鸡蛋充分打散，兑入半瓷勺水淀粉，再次打散。不粘锅里用厨房纸巾薄薄地抹一层油，中火烧热之后倒入蛋液，转小火煎到凝固一半，关火利用锅子的余温让饼皮定型。煎蛋饼皮的时候必须有水淀粉，饼皮才不容易破。如果希望蛋饼皮味道再重一点，也可以在蛋液里加入一点盐和白胡椒粉调味。

蛋饼皮热的时候容易粘起来，稍微放凉一下之后再切成粗条。

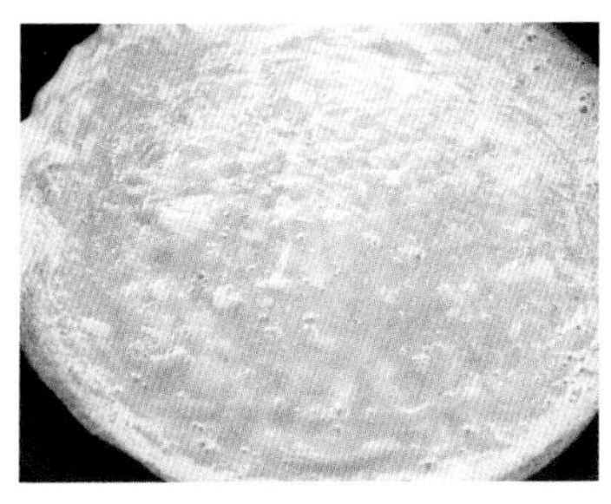

3. 煮汤

简易高汤入锅煮沸之后，把姜汁、米醋、辣椒油、生抽、料酒、盐、2/3 茶匙的白胡椒粉一起入锅再次煮沸，小火煮 2 分钟让汤底入味。

将各种切成粗丝的原料入锅，转中火再次煮沸，小火继续煮 2 分钟。

同时另起一只汤锅，将面条煮熟，冲一下凉水备用。

抓匀剩余的水淀粉，慢慢倒入煮汤的锅里勾芡，关火后加入香菜段。这一步完全是个人口味，非常不喜欢勾芡感汤底的也可以省略，但我觉得风味浓郁的汤底勾芡之后加入面条，附着感会更强。

面条沥干水倒入放好调料的碗里，然后淋入煮好的汤汁。吃之前搅拌均匀，一定要把碗底的白胡椒粉、香油、香醋拌匀才好吃。

蔬菜肉片面疙瘩

原 料

① 培根或腊肉 2 片，带皮五花肉 80 克左右 (和培根体积差不多);

② 老姜 3~4 片;

③ 盐 1 茶匙，视情况增加;

④ 白胡椒粉半茶匙;

⑤ 娃娃菜半棵，胡萝卜半根，小油菜 3 棵，白萝卜 1/4 根，口蘑 3 朵。

⑥ 中筋面粉 100 克。

步 骤

1. 处理食材

培根先切成大拇指宽度的片，带皮五花肉也切成差不多厚薄大小的片。

所有蔬菜洗净之后切成和肉片差不多厚薄大小的片，这样分类摆放：耐久煮的白萝卜片和胡萝卜片放一起，口蘑片和娃娃菜片放一起，颜色青翠的小油菜单独放。

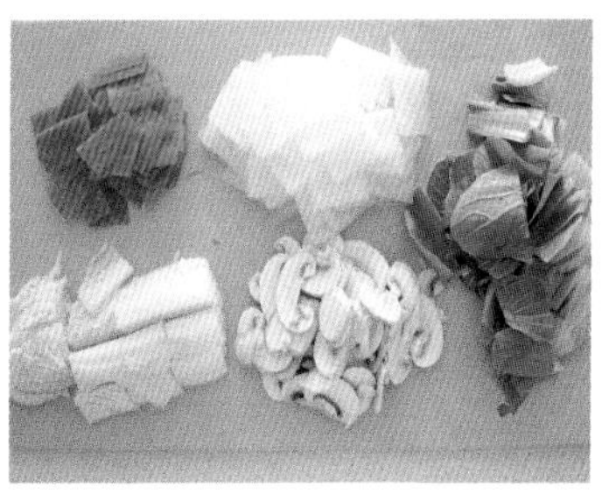

2. 打面疙瘩

在一个底面积较大的容器里倒入大约 100 克中筋面粉，然后一边细细地淋入清水，一边迅速地用筷子打匀。面疙瘩可以用凉水也可以用沸水制作，沸水制作的口感更柔软一点。

3. 煮汤底

不粘锅或汤锅里放入 1 瓷勺油，中火烧热之后把姜片炒香，然后把培根片和五花肉片放入锅里略翻炒一下。无须翻炒太长时间，肥肉部分稍微变得有些透明就可以进行下一步了。

转大火，往锅里倒入沸水，让培根、五花肉的油脂迅速乳化，汤色很快就会变得有些发白。加入盐，转中火滚 3~4 分钟，让培根和五花肉的鲜味和咸味进入汤里。

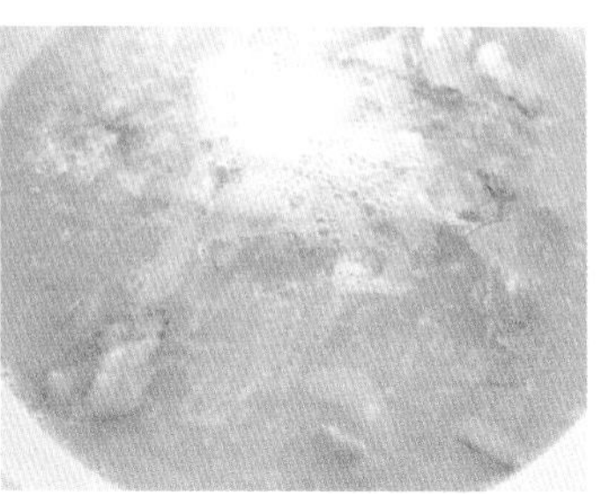

TIPS

- 用沸水一定比凉水效果更好，想熬出奶白色的鱼汤也是类似的做法和原理。
- 加入的水量主要根据食材分量和需求决定，如果只是做一碗汤，水量足够没过所有食材就行了。如果想作为米粉、面条的汤底，水量还可以再多一点。
- 考虑到风味和汤色的效果，不建议中途再加水。

保持中火，先往汤里倒入耐久煮的白萝卜片和胡萝卜片，继续煮 2 分钟。倒入娃娃菜片和口蘑片，仍然煮 2 分钟。这个时候已经接近出锅了，尝一尝咸度是否合适，适当调整。

最后放入小油菜，煮半分钟到小油菜完全熟透。这个时候就做成了一碗非常简易的什锦蔬菜肉片汤，直接这么吃也是可以的。

在汤底里加入刚刚搅拌好的面疙瘩，煮半分钟到 1 分钟，至所有的面疙瘩完全熟透。出锅后撒上白胡椒粉，就是非常鲜美又营养均衡的成品了。

说这是一道清理冰箱的菜谱也好，是一道兼顾多种食材摄入的菜谱也好，提供的思路主要为：依靠不容易煮老但又有充分油脂的五花肉，给短时间制作的汤底提供了最大程度的鲜度，再在这个基础上叠加耐煮的蔬菜类食材和主食。

除了什锦蔬菜，还可以把汤底以海鲜、鱼汤等不同的食材作为基底。思路都是以鲜味食材为主打，快速把汤底煮出味道。至于是否加入面疙瘩其实并不是关键，单独喝汤也行，当面条的浇头也行，可以随心所欲地变化出很多种菜谱。

海鲜焖面

原 料

① 手擀面 300 克；

- 选用口感比较劲道的手擀面或刀削面，鲜面、干面都可以，干面要提前煮到半熟再用；
- 不建议使用挂面、意面来做，尤其是太细、太黏的挂面，不适合这个做法；

② 小海鲜若干种，我用了冰鲜鱿鱼 1 只，小鲍鱼 5 个，海虾 5 个；

- 可以减少品种或用其他品种的小海鲜代替，步骤中会有具体说明；

③ 大虾干 5~6 个，提前泡发，也可以用泡发蒸制 20 分钟后的干贝代替；

④ 白洋葱 1/4 个，口蘑 2 个；

⑤ 大蒜 1 整头；

⑥ 小葱 3~4 根，切葱花备用；

⑦ 简易鸡骨高汤 1 碗；

⑧ 蚝油半瓷勺，生抽半瓷勺，老抽半瓷勺，香醋 1 瓷勺。

步 骤

1. 处理小海鲜

鱿鱼撕掉黑膜、去掉软骨，切成粗条。小鲍鱼去壳清理干净，打上“井”字形花刀。海虾剥壳开背，去掉虾线（图中无海虾）。

TIPS

还可以用什么小海鲜?

- 选肉质细嫩、易熟程度接近的小海鲜都可以。除了鱿鱼、小鲍鱼、海虾之外，我还试用过蛤蜊。
- 贝类和蛏子建议提前焯水后去壳取肉，吃起来会比较爽。
- 如果觉得收拾起来太麻烦或吃不完，只用两种也可以，种类越多味道当然越丰富。

2. 处理蔬菜

2 个口蘑切成薄片，1/4 个白洋葱切成丁，一整头大蒜都压成蒜蓉（图中无蒜）。

3. 炒一下小海鲜

鱿鱼出水比较多，单独入锅，用中火炒到半熟之后盛出来，用笊篱充分沥干备用。这个时间大概也就半分钟，炒后的鱿鱼的颜色会有些变白，但没完全变色。

洗锅后重新放油，炒小鲍鱼和海虾。这两种出水都比较少，可以一起下锅，翻炒大约半分钟到虾肉刚刚开始变红的半熟状态之后也出锅备用。

TIPS

- 提前炒一下各种小海鲜的主要目的是为了去除多余的水分，也能稍微收紧一下小海鲜的肉质。
- 油炒当然也可以给小海鲜去腥，但这得基于食材品质还不错的基础上。如果提前炒了之后仍然觉得腥味很重，那就是食材品质太差。也别想着加料酒了，腥臭味是盖不掉的，勉强盖掉也不会好吃。

4. 焖面

平底锅里放 2~3 瓷勺油，先把蒜蓉炒出香味，焖面用的蒜一定要多才好吃。油量也不能太少，尽量把蒜蓉往油里拨。如果蒜蓉干巴巴地贴在锅底或锅壁，就会迅速地变焦发苦。

在能够明显闻到蒜香，但蒜蓉还没有完全变色的时候，放入口蘑片、洋葱丁和大虾干。不停地翻炒到口蘑片和洋葱丁都变得透明，大虾干的香气也变得明显。

加入大约没过食材分量的简易鸡骨高汤和调料中的生抽、老抽、蚝油，一起煮开。尝一尝咸味，要比刚好合适的咸淡程度稍微偏咸一点点。高汤和小海鲜的组合可以让鲜味 1+1>2，省略高汤的结果是成品扣 10 分。

转成中小火，先把半熟的小海鲜均匀铺开。

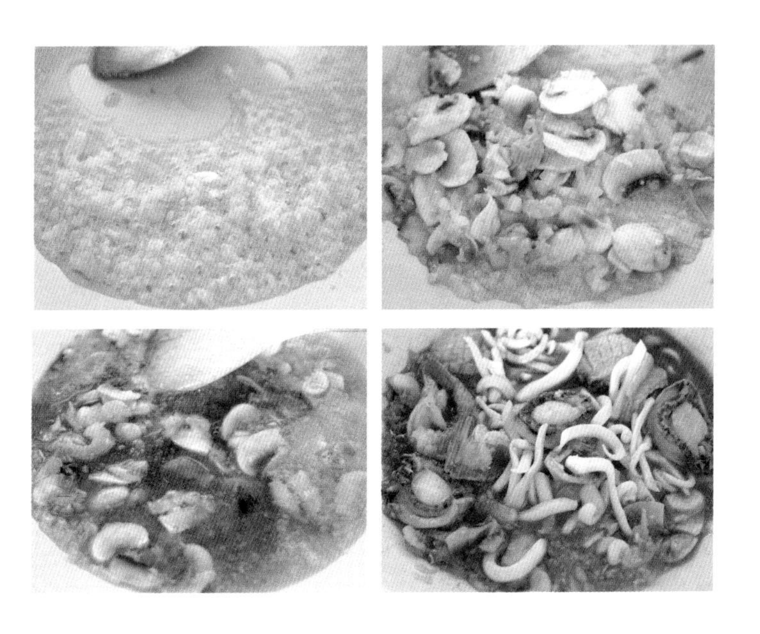

再把鲜手擀面均匀铺开，一定要注意尽量铺均匀。

保持中小火，盖上锅盖焖 5~8 分钟。这个过程实际上是通过半焖半蒸让面条完全熟透，就像日本的天妇罗主厨认为炸天妇罗其实是通过半炸半蒸让食材熟透一样的道理。这一步尽量盖紧锅盖操作，以面条完全熟透为完成的标准。

揭开锅盖，转大火收汁。最后撒 1 把小葱，加 1 瓷勺香醋就可以出锅了。

TIPS

- 我用的手擀面是全生的鲜面，如果用干手擀面或者干刀削面的，要提前在沸水里煮到三分熟或者半熟再入锅。
- 这道焖面的做法是一位主厨教我的，我第一次做的时候因为担心小海鲜会煮老，就把配料和焖面一起焖熟之后再加入小海鲜，觉得成品鲜味有点不够。第二次做的时候战战兢兢地把小海鲜和面条一起焖了，只要汤汁不过分多、焖面的时间控制到位，焖完之后小海鲜不会太老的，而面条却鲜美了不知多少倍，值了！

这道焖面里的这些操作会是加分项：

- 第一次只用了 3~4 瓣蒜，第二次用了整头蒜，明显第二次味道更好，大量的蒜是很配面食的。
- 第二次除了新鲜小海鲜又额外加了虾干，干香风味是额外的一丝风味辅助，我很喜欢。
- 第二次把小海鲜和面一起焖，面条的滋味变得丰富得不得了。小海鲜的风味顺着高汤丝丝入里，像是注射器打进去的一样！
- 第一次只用了一点点老抽和蚝油，第二次把老抽和蚝油的用量加大了，另外还加了生抽，焖面还是味道浓烈一点更好吃。
- 第二次出锅时点了一点香醋，绝对不会觉得酸，特别提味儿。香醋和蒜、香醋和面都是绝佳搭配。
- 必须要用简易高汤，这是把食材鲜味带入面条里的最佳介质。

香肠蛋炒饭

原料（2 人份）

① 煮好的米饭 1 大碗；

② 鸡蛋 1~2 个，也可以不用蛋清只用蛋黄，颜色会更好看；

③ 麻辣香肠 1 根（50~70 克），切丁备用；

④ 胡萝卜半根，切丁，分量大约是肉类食材的一半；

⑤ 豌豆 1 小把，分量和胡萝卜差不多；

⑥ 白胡椒粉 1/4 茶匙，生抽 1 茶匙，盐 1 茶匙；

⑦ 小葱 3~4 根，切葱花备用。

步　骤

1. 煮饭

用来炒饭的米饭我会注意这么几点：

尽量用籼米而不是粳米，因为后者口感偏软糯；煮饭的清水稍微减量；煮好的米饭充分放凉、散掉水汽之后再放冰箱冷藏 4 个小时以上，冷藏同样可以让米饭失水。最后得到一碗质感偏干的籼米米饭，用来炒饭就再好不过。

2. 炒饭

将鸡蛋充分打散之后和米饭一起拌匀，这个时候要特别注意蛋液的分量，一开始先少加一点蛋液，避免拌完的米饭湿度太大，炒出来就不够干爽。

炒锅里中火烧热 2 瓷勺油，把拌匀的米饭入锅充分炒散。如果感觉米饭很难炒出粒粒分明的效果，那么很有可能是米饭太湿或蛋液太多。

加入香肠丁、胡萝卜丁和豌豆。如果配菜中的蔬菜属于不是特别易熟的，就需要早点入锅完全炒透。在这一步里将盐、生抽和白胡椒粉都撒入提味。

所有的原料完全炒熟、炒散之后，关火撒上葱花就可以出锅了。

这本书主食部分设计的菜谱并不太多，尤其是炒饭，这实在是太容易举一反三了，只更换材料的菜谱有充数的嫌疑。

TIPS

我做炒饭会特别注意这么两点：

- 米饭要干爽，在煮饭的步骤里有说明，煮出适合炒饭的米饭就成功了一半。但米饭干爽的同时还要兼顾油量和配料，炒饭的时候油量不要太大，配料尤其是鸡蛋这种液体配料不能太多。如果鸡蛋量比较大，打匀之后混合在米饭里已经过湿了，那么还是适合将鸡蛋和米饭分开炒，锅里油热了之后先炒散鸡蛋，再加入米饭。
- 在调料和香料的选择上，酱油（生抽也行，老抽也行，完全看自己想怎么搭配）和白胡椒粉是不可少的，用量不需要太多，提味效果非常好。另外可以根据炒饭的配料，在小葱、香菜、香芹中任选一种进行搭配，出锅前加入就可以了。

海鲜盖饭

原 料

① 虾仁 5~8 个，去除虾线之后切丁备用，也可以混合海参、扇贝、蛤蜊之类的食材一起用；

② 干贝 4~10 个，看个头大小来决定，不建议省略；

③ 提前一晚泡发的花菇 2 朵；

④ 胡萝卜半根，芦笋 2 根，也可以用莴笋、茭白之类的食材代替；

⑤ 任意品种的榨菜 1/3 袋，选口味不辣的，切丁备用；

⑥ 香芹去叶取茎 4~5 根，香菜去叶取茎 2~3 根，忌口的话可以只用一种或者全部换成小香葱，切末备用；

⑦ 白胡椒粉半茶匙（一半腌虾仁用，一半调味用），盐半茶匙（同样是一半腌虾仁用，一半调味用）；

⑧ 淀粉 1 瓷勺，调制成水淀粉。

步 骤

1. 处理食材

干贝提前泡软，连同泡干贝的水一起，沸水小火蒸 20 分钟后用菜刀侧面碾压成细丝。蒸发干贝的水务必留用，这就是现成的简易高汤。

切好的虾仁用盐和白胡椒粉腌制 10 分钟备用。

榨菜、胡萝卜、芦笋、花菇切成丁备用，绿色蔬菜譬如芦笋或莴笋之类的要尽量方便和其他食材区分开。

TIPS

- 市面上干贝的大小和质地不同，个头小、质地相对松散的，泡半个小时左右就可以蒸了。如果干贝个头超过了拇指指甲盖，质地也非常紧实，那建议提前用凉水浸泡过夜。
- 没有干贝的话用虾干行不行？干贝蒸发之后可以得到现成的高汤，如果想用虾干代替的话，最好另外备一碗鸡汤。
- 干贝可以一次多蒸发一点，连汤一起冷藏保存几天没问题。

2. 炒菜

中火烧热 2 瓷勺油，先把胡萝卜丁、花菇丁、榨菜丁一起入锅小火翻炒，可以多炒一会儿，尽量让胡萝卜的熟度提高一点。

然后倒入虾仁丁，炒到有一半发白的状态，倒入干贝丝、所有蒸发干贝的水、芦笋丁、剩余分量的盐，再加一点点清水，把水量补足到食材平面以下的分量。烧沸之后转中火继续煮 1~2 分钟。芦笋易熟，为了保持颜色青翠，要比虾仁更晚放。

3. 勾芡

水稍微收干到食材水平面的 2/3 左右之后，搅匀水淀粉，少量多次倒入锅里勾芡。然后关火，加芹菜末、香菜末和剩余分量的白胡椒粉，出锅淋到米饭上就可以了。

TIPS

这个盖饭的做法可以更换很多种原料，在选择原料的时候主要考虑这么几点：

- 提鲜的食材必须要有，无论是干贝、花菇、虾仁、榨菜都是起这个作用。这些食材的选择同样说明了日常可以选择的鲜味食材的来源，干货、海鲜、腌菜、肉类等都是鲜味浓郁又相对易得的食材。
- 对于盖饭来说，因为需要将汤汁淋到米饭上，汤底的鲜度几乎决定了成败。使用蒸发干贝的汤或者各种简易高汤都可以让成品风味提升不止一个档次，不建议省略。
- 香芹、香菜、小香葱等食材带来的香气同样非常重要。
- 入锅的顺序应该是先放耐久煮的食材，然后放入海鲜类食材，最后放入绿色易熟的蔬菜。
- 蔬菜最好选择颜色鲜艳、耐久煮、口感有点脆的种类，选择芦笋、莴笋、香芹都是出于这个考虑，这样无论颜色还是口感搭配起来都更完美。

小吃、点心、甜品

酸菜肉末豆花

原 料

① 嫩豆腐 1 盒，可能各地菜市场和超市标注名称不同，总之请找自己能买到的质地最嫩的豆腐，或者直接买桶装的豆花也可以；

② 无糖黄豆豆浆 1 瓶，自己打的豆浆当然也可以，注意是无糖的，没有豆浆用清水代替也没问题；

③ 酸菜、榨菜各夹上一筷子；

- 所谓的酸菜就是泡青菜，买超市里做“酸菜鱼”的酸菜也可以，切碎末备用；
- 榨菜用的是“涪陵”榨菜切成碎末；

④“黄飞红”麻辣花生 1 把，切碎备用；

- 自己做的油炸花生米或黄豆当然也可以，“赵师傅凉面”菜谱里曾经写过油炸黄豆的做法；
- 如果是没有调味过的花生米或黄豆，最好在调料里再多加半茶匙花椒面；

⑤ 辣椒油 1 瓷勺，根据个人口味适量增减；

⑥ 香菜 2~3 根，切成碎末，不吃香菜的可以换成小葱；

⑦ 腐乳半茶匙，用红腐乳、白腐乳均可；

⑧ 白胡椒粉半茶匙，不需要全部用完；

⑨ 生抽半瓷勺，老姜 2 片，切姜末；

⑩“万能肉末”一大勺。

步 骤

1. 煮豆花

切碎的酸菜、榨菜用清水稍微冲洗一下沥干，冲掉多余的咸味。在不粘锅里放1瓷勺油，烧热后用中火把姜末、酸菜和榨菜翻炒出香味。

加入生抽、腐乳、豆浆一起煮开。生抽和腐乳先入锅，再倒豆浆，避免腐乳质地浓稠而味道不匀。

煮豆浆的同时需要做两件事，一是把嫩豆腐片成大片的豆花，在豆浆煮开后马上入锅。二是把“万能肉末”炒热到有点酥香的状态，绝不能是凉的。

豆浆再次煮开后尝一口，应该是微咸的风味，味道不够可以加一点盐来调整。

2. 加码

煮好的豆浆和豆花盛到碗里。

撒上热的“万能肉末”、花生碎、一点点白胡椒粉，淋入辣椒油，最后撒上香菜末就成了。

还需要提醒一个可能存在的口味差异，也许有人会喜欢豆浆基底的浓郁，有些人会觉得太浓了，反而更喜欢用清水打底。总体说来制作过程非常简单，是一道很适口的咸口点心，根据自己口味调整就好。

烧凉粉

凉粉是很多地方都有的街头小吃，做凉粉的步骤超乎寻常的简单，无非就是把豌豆淀粉和清水按一定比例搅匀之后，在锅里煮熟就行。只需注意这么几点：

- 豌豆淀粉和清水的比例中，水量越大，最后成品的质感就越软。很多豌豆淀粉的包装上会写明建议比例为 1：4，我按这个比例做出来觉得有点偏硬，试了之后个人比较喜欢的比例是豌豆淀粉和清水的体积比为 1：6。
- 不同的淀粉质地和用途不同，这个做法建议还是使用豌豆淀粉。
- 从豌豆淀粉水入锅开始，就要不断搅拌，谨防粘锅。
- 不管使用什么锅子都可以做，不是非要不粘锅，但要注意锅子得干净无油。

凉粉原料

豌豆淀粉，可按需取用。

步 骤

1. 取原料

用一个量杯或饭碗，以豌豆淀粉和清水的体积比为 1：6 的比例量出来，搅拌均匀。比例不需要特别严格，多一点或少一点没关系。

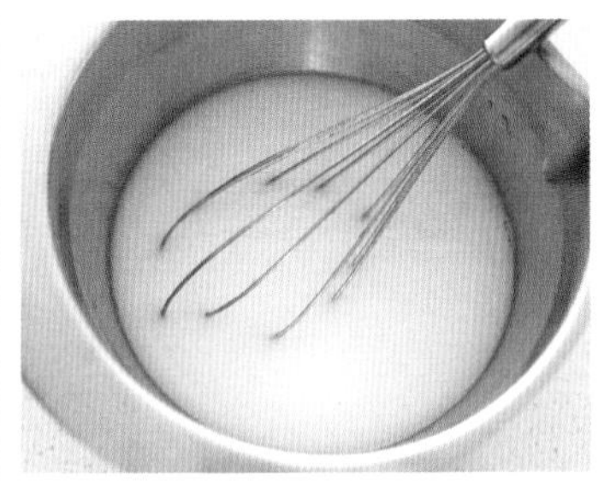

2. 煮凉粉

豌豆淀粉和清水搅匀之后入锅，先开中火。从淀粉水入锅起就一刻不停地搅拌，当发现淀粉水开始凝固了，马上转成中小火。继续不断搅拌，发现锅里所有的部分透光率比较均匀了，开始冒比较大的泡泡了，就差不多熟透了。

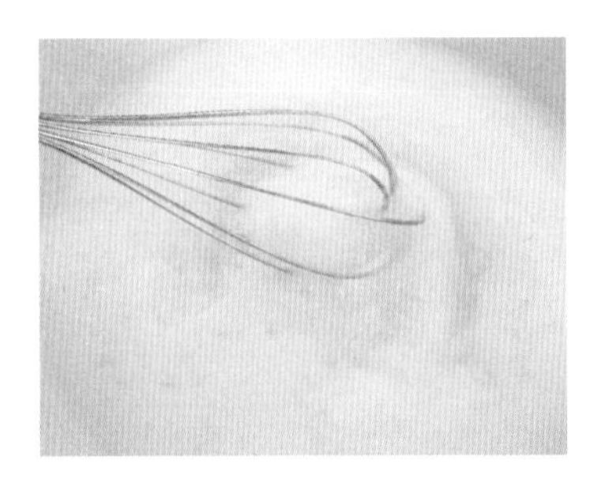

当锅里开始出现不均匀的凝固状固体时，就要小心别煳锅。继续搅动，慢慢地会开始冒出小泡泡。

到锅里冒出大量像指甲盖大小的泡泡，同时锅里所有位置的凉粉透明度都差不多的时候，就可以准备关火了。

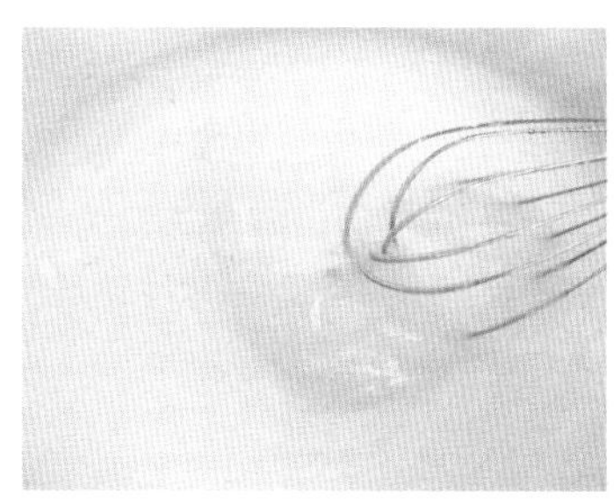

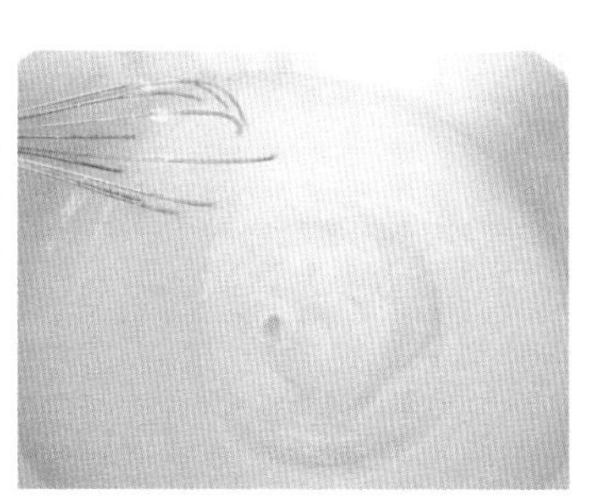

TIPS

根据淀粉用量不同，这个过程可能要持续 6~10 分钟。拌的过程中要注意：

- 建议用打蛋器来搅拌，比较多维度，也更均匀。我用的是陶瓷不粘锅，所以可以使用金属打蛋器，涂层不粘锅要记得用硅胶打蛋器，以免损坏锅底。
- 搅拌的时候尽量别让淀粉糊停留在锅壁上，容易很快受热变干。

3. 冷藏

煮好的淀粉糊放到一个干净容器里，放凉之后放入冰箱冷藏 4 个小时以上，完全凝固就是凉粉了。

淀粉糊从锅里倒入容器时非常容易检验凉粉的硬度：如果倒完淀粉糊之后表面非常不平整、鼓起很多山坡一样的小丘，那多半就是淀粉比例高了，凉了之后会偏硬。

煮过凉粉的锅子不要直接洗，要等凉了之后先把锅里的固体物扔垃圾桶，谨防堵塞管道。

做好的凉粉就可以随意刮擦或者切块使用了：

有许多人喜欢把凉粉擦成条状，用香醋、腐乳汁、萝卜丁等调料凉拌吃。除了这种常见的吃法之外，我还想介绍另外一种比较少见的烧凉粉做法。

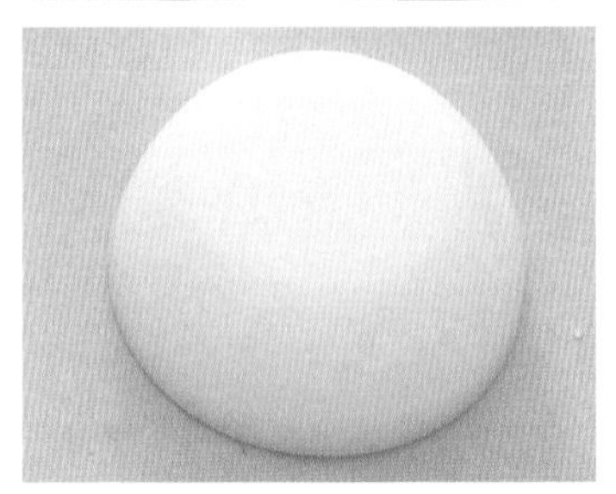

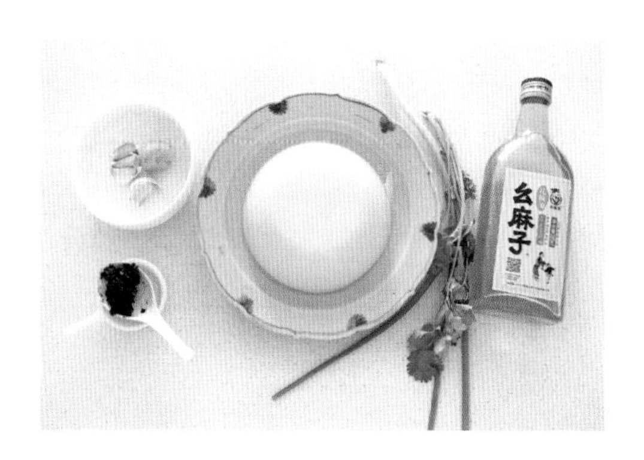

原 料

① 做好的凉粉切取 1/3 块，多点或少点问题不大；

② 郫县豆瓣酱 1 瓷勺；

③ 老姜 1 小块，大蒜 3~4 瓣，两者切末备用；

④ 小葱和香菜各 1 根，切末备用；

⑤ 花椒油或藤椒油 1 瓷勺（必备）；

⑥ 最好用一碗简易鸡骨高汤来代替清水使用。

步　骤

1. 凉粉切成小块

2. 炒红油

锅里倒 2 瓷勺油，不等油烧热就把豆瓣酱入锅，小火慢慢煸炒出红油。

红油炒出来了之后，把姜蒜末也入锅炒香。

3. 烧凉粉

放入不到凉粉高度的简易鸡骨高汤，烧沸之后转小火烧 2 分钟，烧入味。关火淋入花椒油或藤椒油，撒上葱末和香菜末，就是好吃的烧凉粉啦。

这个做法和“蚂蚁上树”几乎完全一样，也是对家常豆瓣风味的一种应用。

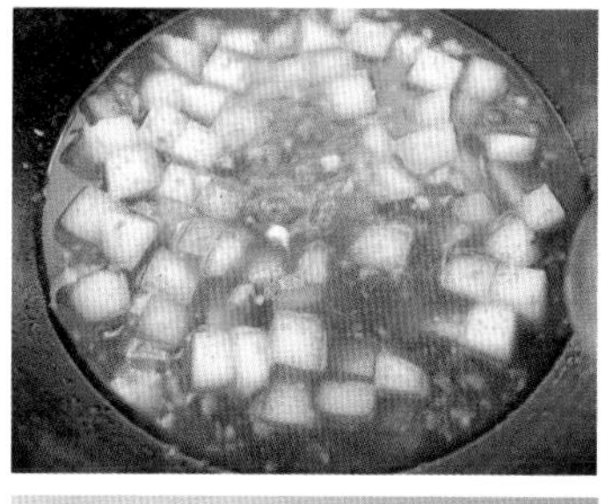

TIPS

- 建议尽量用汤来煨，而不要用味精代替。因为凉粉本身是没什么味道的，只有汤的味道才能让鲜味渗进去。
- 汤的分量多一点或少一点都可以，如果还想利用烧好的凉粉做其他的菜，可以稍微多留一点汤。如果只是想吃烧凉粉本身，那么汤的分量可以比图片上更少一点。

酸辣粉

原 料

①红薯粉 1 把，干制粉条 100 克左右；

②提前一晚泡发的黄豆 1 把；

③简易猪骨高汤或牛骨高汤 1 大碗；

④小葱 2~3 根，切成葱花备用；

⑤调料：辣椒油（红油）2 瓷勺，米醋或香醋 1.5~2 瓷勺，陈醋 1 瓷勺，生抽半瓷勺，盐半茶匙，花椒油半瓷勺。

步　骤

1. 炸黄豆

将提前泡好的黄豆尽可能沥干水，在冷油中小火慢炸。

黄豆炸到位有两个标志：一是颜色变深，黄豆本身有点裂开的感觉；二是炸好的黄豆会慢慢地浮到油的表面。炸好的黄豆像炸花生米一样，要充分放凉之后才酥脆。

2. 煮红薯粉

将调料中的盐、米醋或香醋、陈醋、生抽一起放入碗底。

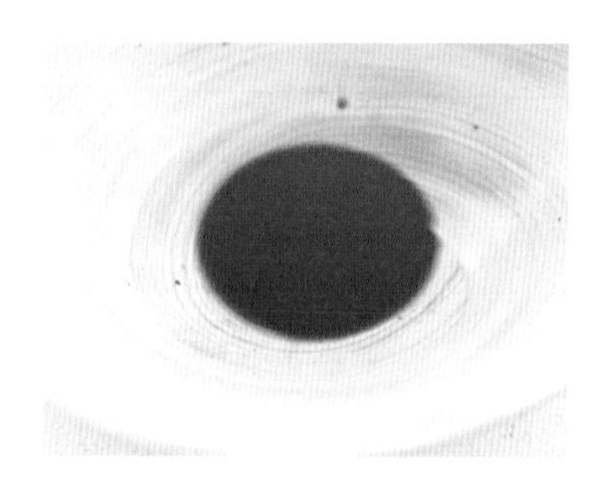

将红薯粉提前在大约 60℃的温水中泡软，再将已经泡软的红薯粉放到沸水锅中煮到合适的软度，煮好之后立刻放入冰水降温。让煮好的红薯粉保持弹性，同时不容易再吸水涨发。沥干备用。

将简易高汤加热到沸腾的状态后倒入放了调料的碗中，利用高温冲出调料的香气。再放入沥干水的红薯粉，淋上辣椒油和花椒油，最后撒上葱花和酥黄豆就可以了。

和“酸辣汤面”菜谱一样，酸辣粉中醋和辣椒油的分量也要略重一点才够味儿。陈醋比较酸，一般把米醋或香醋和陈醋搭配起来使用。

甜水面

首先需要自己做一些甜酱油（红酱油、复制酱油），这是甜水面的灵魂。

红酱油原料

① 手指长度的大葱葱白 2 段，老姜 1 块；

② 煮酱油的香料（从外到内，按顺时针顺序）：

- 草果 1 颗，香叶 2 片，干辣椒 3~4 根；
- 白芷 3~4 片，小茴香 20~30 颗，丁香 9~10 颗；
- 香砂仁 2~3 颗，花椒 20~30 颗；
- 八角 2 颗，白豆蔻 3~4 颗；
- 桂皮 2 块，陈皮 1 小块；

③ 普通酱油（更接近生抽，直接使用生抽也可以）2 大勺，冰糖 2 大勺。

步 骤

1. 煮香料

在大汤锅里倒入大约 500~600 毫升水，把所有香料冲洗之后入锅，一起煮沸后转小火煮 5 分钟，让香料煮出味道。然后投入大葱段和姜块，继续用小火煮 1 分钟。水量多一点或少一点都没关系，只会对熬制时间稍微有点影响。

2. 煮酱油

往煮好的香料水里倒入 2 大勺酱油和 2 大勺冰糖，勺子的尺寸是和锅铲差不多的大号汤勺。具体的重量无所谓，只需要保持酱油和冰糖的体积比例差不多是 1∶1 就可以了。

大火煮沸后转小火煮 1 个小时左右，酱油会变得有些黏稠感，水分蒸发之后体积只有一开始的 1/4 到 1/3。

放凉之后装瓶密封保存，在取用得当（不污染、不进生水）的前提下，冰箱冷藏存放 3 个月没什么问题。

有了甜酱油之后，就可以做甜水面和红油饺子了。

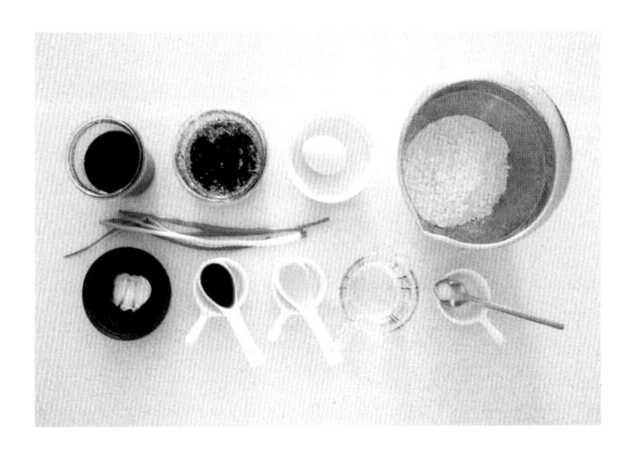

原 料

① 普通面粉（中筋面粉）250 克，鸡蛋 1 个，盐 1 克，鸡蛋和清水加起来的液体重量大约为面粉重量的一半；

• 这个分量是比较容易操作的分量，尤其对于使用料理机打面团的人来说，也方便机器操作，实际上一碗甜水面大约只需要用到这个分量的 1/10 左右。

② 红酱油与普通生抽按大约 1：1 的分量使用；

③ 大蒜 3~4 瓣，小葱 2~3 根，切葱花备用；

④ 辣椒油（红油）按自己喜欢的分量使用，我自己喜欢再加一点花椒油或藤椒油。

步 骤

1. 揉面

将面粉、鸡蛋、盐和清水一起揉成一个光滑的面团，不需要加酵母。不要拘泥菜谱中的水量，参考大致的面粉和液体比例，根据天气、所在地区的干湿度和面粉的品牌来调整水量更好。

揉好的面团盖上保鲜膜，在室温下醒发 40~70 分钟，醒好的面团会更加柔软，擀开的时候不容易回弹。如果擀面饼的时候觉得很容易回弹，可以再盖上保鲜膜松一松。

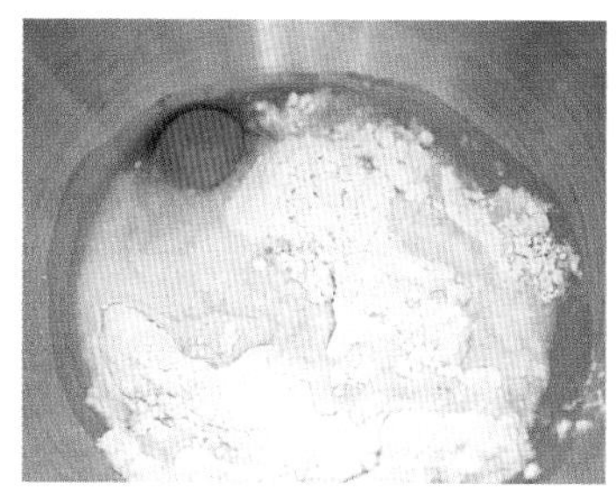

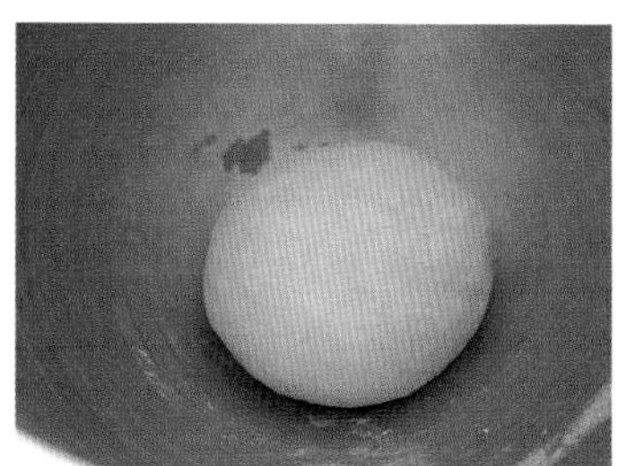

2. 切面

在案板上撒一些面粉防粘，将醒好的面团擀成一个厚片，然后切成半厘米左右宽度的面条。因为面条煮过之后还会膨胀，所以切的时候大约想象成甜水面成品的一半粗细就可以了。

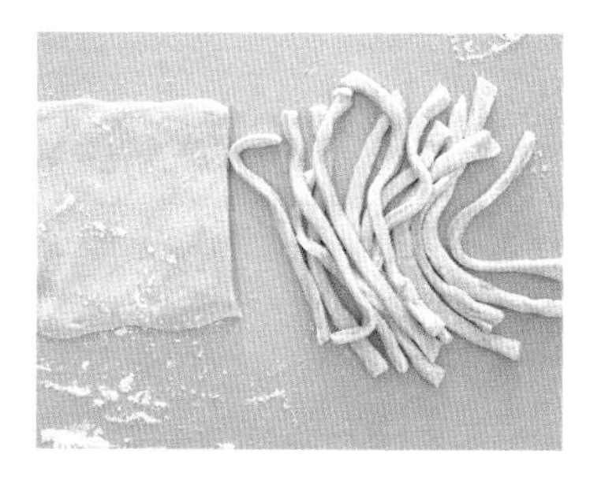

3. 煮面

沸水下面，并且在每次水烧开之后加入半碗凉水，反复三次，直到面条完全煮熟。煮好的面条迅速用凉水冲到完全凉透，这样的面条硬度才合适。

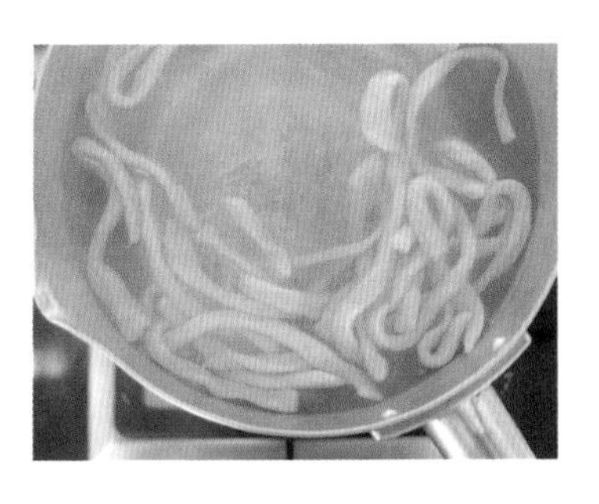

4. 拌面

将蒜瓣用压蒜器压成蒜泥，稍微加一点白开水兑成蒜水。然后在蒜水中加入红酱油、普通生抽、红油一起搅匀。红酱油和普通生抽的比例为1∶1，红油可以是红酱油用量的2倍，也可以按个人喜好增减，但必须有红油。

我喜欢在红油的基础上稍微加一点花椒油或藤椒油，有时候还会加入一些香油（芝麻油），获取多种香味，避免一味地辣。

将调好的料汁淋到过了凉水的面条上，撒上葱花就可以了。

同样的调料和比例也可以用来做红油水饺的料汁（见下图）。

醪糟牛奶冰

原 料

① 全脂纯牛奶 1 盒，冷藏备用；

② 市售醪糟 1 盒，品牌无所谓，醪糟的浓度也无所谓，可以自行调整；

③ 单晶冰糖大约 10 颗；

④ 干银耳 1 朵，干百合片、干莲子、干薏米各 1 把；

⑤ 枸杞约 10 颗。

步 骤

1. 处理干货

将银耳、莲子、百合片、薏米这类不太好煮透的干货提前浸泡过夜，然后煮到完全软烂黏稠。枸杞无须浸泡过夜，在煮甜品之前浸泡半小时，然后在沸水中煮 10 秒钟就行。

煮干货的时长和工具、食材品质都有关系，我一般用高压锅把银耳、莲子压 10~15 分钟，铸铁锅会煮 1 个小时左右。银耳尤其注意不要买陈年的，不容易煮出黏稠感。因为后面需要再加入牛奶和醪糟打底，把煮好的银耳莲子汤适当滤掉汁液，放入冰箱冷藏备用。

我在煮银耳莲子汤的时候没有放糖，如果比较喜欢吃甜的也可以酌情放一点冰糖。

2. 煮醪糟

在锅中烧开一些清水，倒入冰糖和醪糟一起煮开。放凉后也放入冰箱，冷藏备用。

这一步的作用有二：一是给这道冷饮打下一点微甜的基底，二是稀释可能有点浓稠的醪糟。

煮的时候要注意两点：一是先把清水烧开，再倒入醪糟。这是为了尽量缩短醪糟加热的时间，防止醪糟久煮变酸。二是无论是否嗜甜，都一定要在煮醪糟的时候放几颗冰糖。尤其是在银耳莲子汤和牛奶都不放糖的前提下，醪糟必须有甜度来调味。

3. 兑冷饮

将冷藏状态的牛奶和醪糟以大约 2：1 的比例兑到一起。牛奶比醪糟要多一些，以牛奶为主要的基底，醪糟稍微提一点酒香。牛奶和醪糟平时都可以放冰箱冷藏保存，随喝随兑。注意不要在温热状态下把这两个兑到一起，也不要在兑到一起后在常温状态下放置太久，避免醪糟里的成分对牛奶产生作用而让牛奶分离。

兑好的醪糟牛奶冰，加入同样冷藏过的银耳、薏米、莲子、百合和枸杞就可以了，是一道非常适合夏天的甜品点心。

我不止一次尝试过把牛奶和醪糟结合在一起，但总会因为牛奶分层而影响口感。冷藏过再兑到一起就完全没问题了，这也是赵师傅教我的一个小窍门。以醪糟牛奶冰为基底，除了银耳百合口味之外，还可以做成很多其他的口味，即使只加入一些水果也非常清凉好喝。